ESSAI
D'UNE

FAUNE ENTOMOLOGIQUE
DE

L'ARCHIPEL INDO-NÉERLANDAIS

PAR

S. C. SNELLEN VAN VOLLENHOVEN

Docteur en droit et ès lettres, Membre de l'Académie royale des
sciences et de plusieurs sociétés, Conservateur-adjoint de la
Société Entomologique néerlandaise, Conservateur
au Musée Royal d'histoire naturelle à Leide.

SECONDE MONOGRAPHIE

FAMILLE DES PIÉRIDES

AVEC 7 PLANCHES
DONT 6 COLORIÉES

LA HAYE,
MARTINUS NIJHOFF.
1865.

ESSAI

D'UNE

FAUNE ENTOMOLOGIQUE

DE

L'ARCHIPEL INDO-NÉERLANDAIS,

PAR

S. C. SNELLEN VAN VOLLENHOVEN,

Docteur en droit et ès sciences, Membre de l'Académie Royale des
sciences et de plusieurs sociétés savantes, Président de la
Société Entomologique des Pays-Bas, Conservateur
au Musée Royal d'histoire naturelle à Leide.

SECONDE MONOGRAPHIE:

FAMILLE DES PIÉRIDES.

AVEC 7 PLANCHES,
DONT 6 COLORIÉES.

LA HAYE,
MARTINUS NIJHOFF.
1865.

IMPRIMÉ CHEZ LES FRÈRES GIUNTA D'ALBANI.

LÉPIDOPTÈRES.

FAMILLE DES PIÉRIDES.

Boisduval fut le premier qui divisa le grand ordre des Insectes Lépidoptères en deux légions, dont la première, celle des *Rhopalocères*, a les antennes plus ou moins renflées à leur extrémité, les quatre ailes, ou au moins les supérieures, ordinairement conniventes dans le repos, point de crin au bord antérieur des secondes ailes et point d'yeux lisses ou stemmates, et dont les individus volent pendant le jour. Sa seconde légion, celle des *Hétérocères*, n'offre pour la distinguer de la première que des charactères négatifs, si l'on en excepte le charactère positif, mais très-variable, du crin ou rétinacle au bord des ailes postérieures. Donc, contre cette division de l'ordre en deux sections fort inégales, nous trouvons à faire la même objection qui poussa Cuvier à rejeter la division du règne animal en deux classes, celle des vertébrés et celle des invertébrés. La légion des Lépidoptères hétérocères ne subsistant que par antithèse et ne possédant point de caractères positifs, devra nécessairement un jour céder la place à plusieurs légions, comme la classe des animaux invertébrés a été divisée par Cuvier lui même en trois classes différentes.

Pour le moment nous n'avons à nous occuper que de la légion des Rhopalocères qui, selon Boisduval, retombe en trois sections, 1º. celle des *Succeints*, dont les chrysalides sont attachées par la queue et par un lien transversal en forme de ceinture, 2º. celle des *Suspendus*, dont les chrysalides sont seulement suspendues par la queue et 3º. celle des *Enroulés*, qui ont leur chrysalide renfermée dans une coque. Cette division est si naturelle qu'il me semble que personne ne puisse s'y opposer.

La première de ces sections offre à M. Boisduval 6 tribus, que nous nommerons familles. Les deux premières de ces familles se distinguent des autres en ayant des chenilles vermiformes et, pour les insectes parfaits, six pattes dans les deux sexes. Enfin les caractères qui séparent la seconde de ces deux familles de l'autre, c'est-à-dire les Piérides des Papilionides, sont les suivants: leurs chenilles, légèrement pubescentes, un peu atténuées aux extrémités, ne sont point pourvues de tentacules rétractiles placés sur le premier anneau ; leurs papillons n'ont point d'ergot au milieu des jambes des premières pattes; ils ont les crochets des tarses bifides et non pas simples, point de nervure baseo-médiane aux ailes supérieures, et leurs ailes inférieures forment chez la grande majorité un canal ou une gouttière pour y loger l'abdomen pendant le repos.

En nous restreignant à la Faune de l'archipel Indo-Néerlandais, nous ne comptons dans cette famille que huit genres, au lieu de seize qu'en énumère l'ouvrage de M. M. Doubleday, Westwood et Hewitson (¹) pour le monde entier. Il nous manque donc dans notre faune la moitié des genres connus, ou pour mieux dire des genres adoptés par les premiers lépidoptérologistes de notre époque.

Voici une table analytique de ces huit genres, propres à l'archipel des Indes orientales.

A. Antennes terminées brusquement en massue ovoïde.
    a. La seconde nervure supérieure des premières ailes divisée en deux rameaux . . . . *Pontia.*
    b. La seconde nervure supérieure des premières ailes divisée en trois rameaux.
        1. Palpes labiaux fortement hérissés de poils fasciculés, avec le troisième article de la longueur du second . . . . *Pieris.*
        2. Palpes labiaux médiocrement hérissés de poils; leur troisième article trois à quatre fois plus court que le second . . . . *Thestias.*

B. Antennes tronquées à leur sommet ou terminées insensiblement en une massue obconique.
    * Cinq nervures supérieures aux premières ailes.
        + La troisième nervure supérieure des premières ailes divisée en deux rameaux . . . . *Iphias.*
        ++ La troisième nervure supérieure des premières ailes divisée en trois rameaux . . . . *Eronia.*
    ** Quatre nervures supérieures aux premières ailes.
        I. Ailes robustes, les supérieures triangulaires, les inférieures arrondies . . . . *Callidryas.*
        II. Ailes robustes, anguleuses. . . . . *Rhodocera.*
        III. Ailes délicates, toutes arrondies . . . . *Terias.*

Un seul de ces genres est basé sur des caractères peu nets et tranchés; c'est *Rhodocera.* Nous en traiterons plus au long, lorsque nous aurons à donner la descrip-

---

(¹) *The Genera of Diurnal Lepidoptera: comprising their Generic Characters, a notice of their Habits and Transformations, and a Catalogue of the Species of each Genus* by Edw. Doubleday and John O. Westwood: illustrated with 86 plates by William C. Hewitson. 2 vol. fol. London 1846—50. —

tion de la seule espèce de notre Faune qu'il contient. Quant aux autres genres, leurs caractères sont plus tranchés; ceux tirés des ailes et des antennes sont representés par les différentes figures de notre première planche.

GENRE I. **PONTIA**, Boisd. (¹).

Tête plus large que le prothorax, à yeux fortement développés et saillants, à front couvert d'écailles et garni de poils. Palpes labiaux proéminents au devant du front, peu comprimés, fortement hérissés antérieurement de poils roides; leur premier article allongé, recourbé à sa base, comme tronqué à son extrémité; le second du double plus court, ovale; le troisième beaucoup plus court que le précédent et fusiforme. Antennes presque aussi longues que l'abdomen, grêles, à massue allongée, fusiforme, comprimée. Thorax petit, délicat, couvert d'écailles et presque dépourvu de poils. Ailes arrondies, très-délicates; les deux premières nervures supérieures des premières ailes contigues à leur base, la seconde offrant un rameau supérieur qui nait avant le milieu; en tout quatre supérieures. Aux secondes ailes la nervure disco-cellulaire est brisée dans un angle presque droit, regardant la base, et la cellule discoïdale se termine un peu au dela du milieu de l'aile. Pieds grêles et assez longs. Abdomen allongé, mince et délicat.

1) PONTIA NINA, Fabr.

Fabr., *Ent. Syst.* III. 1. 149. n°. 604. *Mant.* II. 20. n°. 204 (*Xiphia*). Godt., *Encycl. meth.* IX. 162. n°. 147. Hübn., *Zuträge*, p. 13. n°. 24. fig. 47 et 48 (*Leptosia chlorographa*). Horsf., *Lepid. Ius. of East Ind. Comp.* 140. n°. 66.

P. alis anticis supra albis, apice et macula pone cellulam discoidalem nigris, subtus apice et macula fuscis, posticis supra albis, subtus fusco undulatis.

Exp. alarum: 40—46 mm.

Hab. Timor, Borneo, Sumatra, Java.

Tête et thorax noirs, couverts d'écailles grises et blanches; front et palpes à écailles blanches ou jaunâtres, semés de poils noirs. Antennes noires, chaque article à deux petites taches blanches. Pattes noires à écailles grises et blanches. Abdomen brun, couvert d'écailles blanches de la base jusqu'au cinquième anneau.

Ailes d'un blanc pur en dessus. Les supérieures ont le bord costal liséré de noir, donnant naissance à une quantité de petits traits noirs dirigés vers le disque; en outre le sommet est noir, sinué intérieurement; puis entre l'extrémité de la cellule discoïdale et le bord extérieur se voit une tache noire, ronde, ou bien en forme de grosse virgule. Les inférieures sont sans taches. En dessous, une bordure costale assez large aux premières et le total des secondes ailes sont couverts d'une multitude de

---

(¹) Fabricius appliqua le nom de *Pontia* aux *Pieris* de Schrank et de Latreille. Nous prenons le genre tel qu'il a été restreint par Boisduval.

hachures et d'atomes d'un brun verdâtre; quelquefois sur le bord postérieur un rang de points noirs, très-petits. Le sommet plus pâle qu'en dessus, couvert d'atomes bruns et la tache post-cellulaire moins foncée et plus brune.

Chez un individu de Sumatra le sommet des ailes supérieures est presque entièrement blanc en dessous. Les individus de Timor ont la tache post-cellulaire plus grande que les autres.

Horsfield assure positivement que cette Pontia est très-commune à Java; cependant le Muséum royal Néerlandais ne possède que des individus provenant de Timor, Borneo et Sumatra. En outre on la retrouve au Bengale et en Chine.

2) PONTIA LIGNEA, Voll. (Pl. 2. fig. 1 *a* & 1 *b*.)

P. alis supra sericeo-grisescentibus, anticarum lunula subapicali et macula pone cellulam discoidalem, sicut limbo posticarum fuscis; subtus obscurioribus, viridescenti fusco undulatis.

Exp. al. 36—44 mm.

Hab. Celebes.

Tête et prothorax noirs, vêtus de poils verdâtres; le reste du thorax couvert d'écailles blanches, ainsi que la majeure partie de l'abdomen. Yeux bruns. Antennes noires à deux traits blancs sur chaque anneau et massue noire. Palpes hérissés de poils jaunes et noirs. Pattes noires, rayées de blanc.

Ailes d'un gris blanchâtre et satiné. La base des antérieures saupoudrée de brun, la côte à petits traits bruns; une lunule brune un peu avant le sommet, touchant d'un côté le bord antérieur et de l'autre une tache en trapèze qui se prolonge vers le bord extérieur. Marge du bord extérieur des secondes ailes de la même couleur brune.

Dessous d'un gris plus obscur; les quatre ailes couvertes d'une infinité de petites hachures et d'atomes d'un brun verdâtre.

Cette jolie espèce a été découverte par M. de Rosenberg à Boné et Gorontalo, dans la résidence Ménado en l'île de Célébes.

GENRE II. **PIERIS**, Doubl. et Westw. (¹).

Tête ordinairement moins large que le prothorax, souvent petite. Yeux arrondis, nus, médiocres. Palpes labiaux plus longs que la tête, peu comprimés, presque parallèles, hérissés de poils roides qui sont souvent disposés en fascicules; leur second article ordinairement un peu plus court que le premier; le troisième aussi long que le second

---

(¹) Nous prenons ici le genre *Pieris* tel qu'il a été réduit par les auteurs des *Genera of Diurnal Lepidoptera* en non pas dans l'acception de Boisduval, qui y comprit encore les *Eronia Valeria* et *Jobaea*. Du reste Schranck est le premier qui ait employé le nom de *Pieris*.

ou bien le gagnant en longueur, cylindrique et aciculé, couvert d'écailles comprimées et serrées, avec une petite touffe de poils à sa base. Antennes généralement moins longues que la moitié du bord antérieur des premières ailes; leur massue obconique, souvent comprimée. Ailes de forme très-variable, triangulaires, allongées, arrondies ou pointues, médiocrement robustes; les supérieures à trois ou à quatre nervures supérieures, dont la seconde se divise en trois rameaux. Aux secondes ailes la nervure disco-cellulaire n'est point, ou presque imperceptiblement, brisée par le pli cellulaire. Pieds assez robustes, à ongles profondément entaillées. Abdomen plus court que les ailes inférieures.

Quoique le réseau des nervures aux ailes antérieures offre dans ce genre deux types distincts que nous avons représentés dans notre Planche 1re par les figures 2 et 3, l'affinité d'un certain nombre d'espèces nous défend de diviser le genre en deux sections, selon ces deux dispositions alaires, et nous croyons qu'il vaille mieux ranger les espèces selon certaines affinités de couleur et d'habitus, puisqu'on est forcément obligé de les disposer dans une seule file. —

1) PIERIS CORNELIA, Voll. (Pl. 2. fig. 2.)

P. alis albis, costa, venis, apice et margine tenuissimo nigris, posticis subtus flavis, venis et fascia submarginali nigris. —

Exp. al. 80 mm.

Hab. Borneo.

Espèce, qui se rapproche quelque peu de la *P. Thestylis* Doubl.

Corps noir, couvert en dessus de poils d'un gris-cendré et blancs; en dessous la plus grande partie des poils est noirâtre. Antennes noires avec une tache jaunâtre au sommet. Front et palpes hérissés de poils roides, mêlés de noir, de gris et de blanc. Base de l'abdomen et ventre blancs. Pattes variées de noir et de gris.

Côte des ailes antérieures subtilement dentelée en scie; 4 nervures supérieures. Dessus des ailes blanc; la côte, et même toute la partie en avant de la cellule discoïdale d'un noir brunâtre, saupoudrée de blanc entre les nervures; cette couleur brune s'étend à l'entour de la cellule jusqu'au pli entre les deux premières nervures inférieures; sur la partie blanche de l'aile les nervures se détachent en brun. On voit percer les couleurs de la page inférieure sur le dessus des secondes ailes, dont les nervures ne sont brunes que passé la cellule, et dont la marge est brune. Le dessous des premières ailes ne diffère du dessus que par la couleur de la cellule discoïdale qui est brune à quatre traits blancs; les secondes ailes offrent une couleur jaune de gomme-gutte, à nervures noires, et à une bande sousmarginale de la dernière couleur; les taches ovales, jaunes, laissées entre cette bande et le bord extérieur sont marquées sur les plis par des traits noirs.

Le Muséum possède un seul individu mâle de Borneo, don de la société royale zoologique d'Amsterdam.

2) P. HOMBRONII, Luc. (Pl. 2. fig. 3 ♀.)

Lucas, *Revue et Mag. de Zoolog.* 2e Sér. Tom. 4. (1852) p. 325.

P. alis ♂ albis, supra costa margineque nigris, subtus venis fuscis, basi posticarum aurantiaco-maculata; ♀ supra brunneis, disco albo.

Exp. alarum: maris 80*, feminae* 86 mm.

Hab. Celebes.

Taille et port de la précédente. *Mâle.* Tête et thorax noirs, abdomen brun. Front, vertex, palpes, cou et épaulettes hérissés de poils, mêlés de jaune verdâtre et de noir. Dos du métathorax à longs poils soyeux, blancs; abdomen couvert d'écailles blanches. Antennes d'un brun foncé, piquées de traits blancs, et à sommet blanchâtre. Pattes rayées de brun et de blanc. — Ailes blanches; côte des supérieures jusqu'à la cellule, brune, saupoudrée d'atomes d'un blanc un peu bleuâtre. Une bordure dentelée noire, commençant au sommet des premières, descend en se rétrecissant, jusqu'à la première nervure inférieure des secondes. Toutes les franges sont blanches. Dessous des quatre ailes blanc avec les nervures largement bordées de brun; la côte des supérieures bleuâtre et à la base des inférieures une tache orange, qui s'étend un peu le long de la sousmédiane.

La *femelle* que M. Lucas n'a pas connue, diffère du mâle en ce que le dessus des ailes est brun à franges blanches, deux larges taches blanches au dessous de la cellule discoïdale sur les premières et tout le disque des secondes blanc, sauf les nervures. Ses ailes sont beaucoup plus larges que celles du mâle. En dessous les secondes n'ont qu'une fort petite tache d'un jaune citron.

M. Lucas dit que l'espèce a été découverte par M. Hombron à Amboine; je n'ai vu que des individus de Célébes, où aux alentours de Poé et de Gorontalo l'espèce ne paraît pas rare en Septembre. Dans nos envois d'Amboine je n'ai jamais trouvé un seul individu de cette espèce.

3) **P. CHRYSORRHOEA**, Voll. (Pl. 2. fig. 4.)

P. alis supra nigris albo-maculatis, macula sulfurea in angulo anali, subtus albo-flavoque maculatis.

Exp. alarum 70 mm.

Hab. Sumatra.

Cette espèce appartient au groupe de *Pasithoe, Thisbe, Seta* et a beaucoup d'affinité avec la dernière. Son corps est noir et couvert de poils noirs, sauf le col et les épaulettes qui sont revêtus de poils d'un gris verdâtre. Palpes hérissés de poils noirs et gris; bordure postérieure des yeux blanche. Antennes noires avec quelques écailles blanchâtres avant la massue. Pattes noires, celles de devant à quelques écailles grises.

Ailes noires, les supérieures à deux rangées de taches blanches, la première post-discoïdale, commençant au deuxième tiers de la côte et aboutissant à la nervure sousmédiane; la seconde composée de taches triangulaires, longe le bord extérieur. La côte et la cellule discoïdale sont faiblement saupoudrées de blanc. Les ailes inférieures offrent sur leur moitié extérieure une bande blanche, coupée par les nervures noires et s'élargissant vers le bord abdominal, qui est blanc à sa base, jaune de soufre vers l'angle anal. Le long du bord extérieur se voit une rangée de quatre taches rondes, blanches.

Au dessous des premières ailes le même dessin se répète, mais les deux taches apicales de la seconde rangée sont jaunes; les secondes ailes offrent outre la tache anale, 8 taches jaunes le long des bords, plus un point dans la cellule discoïdale et deux traits dans la bande blanche transversale, jaunes.

Le muséum doit à M. Ludeking l'unique individu connu, qui me semble un mâle. Il a été pris dans les parties montagneuses de l'intérieur de Sumatra.

4) P. CRITHOE, Boisd.

Boisd. , *Spéc. Gén. des Lépid.* I. p. 450. n°. 18.

P. alis supra fusco-nigris, anticarum maculis tribus albis, duobusque glaucis, posticarum disco albo, posticis subtus flavis, basi rubra, venis nigris.

Exp. alarum ♂ 62, ♀ 68 mm.

Hab. Java.

Port et taille *d'Egialea*, ailes antérieures à trois nervures supérieures. Tête et corps d'un noir brunâtre à poils noirs, piqués de quelques poils blancs. Antennes noires. Yeux d'un brun foncé. Palpes labiaux grisâtres. Pattes noires. Ventre blanc.

Ailes supérieures d'un brun très-foncé. Vers le sommet trois taches oblongues, plus ou moins grandes (et dont parfois la troisième fait défaut), blanches; sur l'extrémité de la cellule discoïdale un point blanc, coupé transversalement par une petite veine noire; entre la médiane et la sousmédiane deux taches nébuleuses, bleuâtres. Dessous de ces ailes comme le dessus, sauf l'addition de quelques traits blancs sur le bord extérieur. Dessus des secondes d'un noir brunâtre à disque d'un blanc jaunâtre, cette couleur s'étendant sur le bord abdominal. Dessous de ces mêmes ailes d'un jaune citron, avec le bord abdominal d'un jaune de chrome; les nervures noires dilatées vers la marge qui est noire; la base noire en partie couverte par une bande oblique, plus large antérieurement, d'un rouge de sang.

La femelle diffère du mâle en ce que les ailes sont plus arrondies, qu'on compte cinq taches blanches près du sommet et qu'on voit au lieu de la seconde tache bleuâtre en avant de la sousmédiane, une tache oblique de la même couleur, traversant la cellule discoïdale. En dessous ces mêmes ailes offrent une série de sept taches marginales.

Crithoe se trouve à Java, mais je ne la crois pas commune.

5) P. EGIALEA, Cram.

Cram., *Pap. exot.* 189. D. E. ♀ et 258. E. F. ♂ ([1]). Godt., *Enc. Méth.* IX. p. 148. n°. 105 (Var. *Pasithoe*). Boisd. , *Spéc. gén.* p. 450. n°. 17.

P. alis nigris macula anali flava, in mare disco caerulescenti-griseo, in femina flavo; subtus alis posticis flavis, macula basali sanguinea, venis et margine nigris.

([1]) Boisduval mentionne la planche 253. Messieurs Doubleday et Moore ont copié cette faute d'impression.

Exp. alaram ♂ 54—72, ♀ 65—82 mm.

Hab. Java, Banca, Billiton, Sumatra, Ceram.

Du groupe de *Pasithoe*, avec laquelle elle a été confondue par Fabricius et Godart. Trois nervures supérieures aux ailes.

Mâle. Corps noir à poils noirs; une touffe de poils blancs sur le front; quelques poils de la même couleur sur la nuque et sur les palpes labiaux; des poils gris sur le dos du métathorax, des écailles grises sur l'abdomen et la première paire de pattes. Dessus des ailes noir avec le milieu d'un gris bleuâtre et la base saupoudrée de gris. En dehors de la partie grise on remarque souvent sur les premières ailes deux petits traits jumeaux bleus ou blancs, et chez quelques individus une rangée de traits bleuâtres non loin du bord extérieur. Les secondes ailes ont le bord abdominal jusqu'à la médiane, d'un jaune de chrome. Dessous des supérieures d'un noir un peu brunâtre; une bande transverse oblique sur le milieu et derrière elle un point discoïdal, enfin une série de traits longitudinaux, du bord antérieur vers l'angle interne, blancs. Dessous des inférieures d'un noir intense avec une petite bande basale en demi-cercle d'un rouge de sang et les cellules remplies de onze taches d'un jaune éclatant.

Femelle. Tout ce qui est noir chez le mâle, est d'un brun obscur chez la femelle. Ses ailes supérieures, beaucoup plus arrondies, offrent de part et d'autre une large bande jaune au milieu de l'aile, coupée par les nervures noires. En dessus sa couleur tire un peu sur l'orange. Parfois la bande ne dépasse pas la nervule disco-cellulaire, mais le plus souvent on remarque une à deux taches au delà. Quelques exemplaires offrent en outre une rangée de traits jaunes, presque effacés, vers le bord extérieur. Sur les secondes, ce qui est bleu chez le mâle, est jaune, mais d'un jaune plus pâle que la bande des supérieures. Le dessous diffère de celui du mâle en ce que la bande transverse des premières ailes est bien plus large et de couleur jaune, envahissant le point discoïdal, et que de même la bande basale rouge est beaucoup plus large.

Cette espèce varie extrêmement. Une variété de Sumatra, que l'on retrouve à Banca, n'offre en dessus chez le mâle qu'une bande transverse oblitérée, composée de trois taches, et sur les secondes la tache anale est d'un blanc jaunâtre au lieu du beau jaune de chrome. Chez la femelle la bande transverse est très-étroite et le disque des inférieures d'un blanc sale.

Il paraît que cette espèce est fort commune près de Batavia et de Buitenzorg; on la retrouve à Sumatra, Billiton, Banca, Ceram, ainsi qu'aux îles Philippines. Probablement son habitat comprend encore d'autres îles de l'archipel Indien.

Un dessin, fait à Tankil dans la partie occidentale de l'île de Java, nous apprend que la chenille n'a guères plus de 32 mm. de longueur, qu'elle est d'un rouge châtain avec la tête et la base du premier anneau plus obscurs et une bande transversale jaune sur chacun des anneaux suivants. Elle est revêtue de quelques longs poils jaunes.

6) P. PERIBAEA, Godt.

Godt., *Enc. méth.* IX. p. 154. n°. 124. Boisd., *Spéc. Gén.* I. p. 453. n°. 22.

P. alis supra albis nigro marginatis, subtus posticis parte basali flavis, reliqua parte albis, maculis sex nigris et septem rubris, his albo-cinctis, margine nigro.

Exp. alarum 52—61 *mm.* ♂.

Hab. Java.

Espèce très-voisine de *Hyparete*. Dessus des ailes blanc, avec la côte noire, saupoudrée de blanc vers la base, et une bordure noirâtre, plus large chez la femelle, sinuée intérieurement, un peu prolongée sur les nervures. En se dilatant au sommet des supérieures elle embrasse quatre taches et un point, blancs, qui se suivent en rangée. En dessous la bordure des supérieures est plus foncée et les taches blanches sont plus nettes en contour. Dessous des inférieures d'un jaune pâle de la base jusqu'au milieu, ensuite blanc avec deux bandes maculaires, la première de six taches allongées ou triangulaires, noires, recouvrant les nervures, la seconde de sept taches rondes ou en coeur, d'un vermilllon fatigué, presque toutes bordeés de blanchâtre; l'angle anal marqué d'une petite tache rouge, se fondant dans le jaune. Parfois un point rouge sur l'extrémité de la cellule discoïdale. La marge du bord extérieur noire.

Selon Godart et Boisduval, la femelle (que je n'ai point vue en nature) offre sur le limbe postérieur des secondes ailes, une rangée de taches blanches correspondant aux taches rouges du dessous.

Je ne sais pourquoi Boisduval refuse de croire avec Godart que cette espèce se trouve à Java; nommément on la rencontre aux alentours de Sourabaya.

7) P. HYPARETE, L.

Linn., *Syst. Nat.* II. p. 763. n°. 92. Cram., *Pap exot.* 187. C. D. ♂ et 320. A. B. ♀. Godt., *Enc. méth.* IX. p. 153. n°. 123. Boisd., *Spéc. Gén.* I. p. 455. n°. 24.

P. alis supra albis, maris costa et dimidio apicali anticarum, sicut margine externo posticarum fusco-nigris, feminae late fusco-marginatis; subtus maris dimidiato, feminae totis flavidis, limbo nigro, 8 maculis sanguineis ornato.

Exp. alarum ♂ 60—65, ♀ 62—74.

Hab. Java, Sumatra, Ceram.

Premières ailes à 3 nervures supérieures. Corps brun; tête et thorax à poils gris; abdomen à écailles blanches.

Dessus des ailes du mâle blanc avec la côte noire, saupoudrée de gris; les nervures, excepté la sousmédiane et la troisième inférieure, couvertes d'écailles d'un noir brunâtre, cette couleur s'étendant en dehors de la cellule discoïdale jusqu'au point de remplir presque totalement un grand triangle apical. Nervures des inférieures blanches comme toute la surface, excepté le limbe postérieur qui est noir, et en avant duquel on aperçoit un reflet de la couleur rouge du dessous.

Le dessous des premières ailes blanc avec la côte, les nervures et le limbe d'un noir brunâtre; un trait noir traverse obliquement les nervures et le pli cellulaire de l'aile, de sorte que cinq taches elliptiques et une ronde, toutes blanches, se forment. Dessous des secondes jaune à la base et du bord abdominal jusqu' à la cellule et la troisième inférieure; nervures d'un brun foncé; la bordure noire de l'extrémité un peu plus large qu'en dessus, un peu dilatée vers l'angle anal, divisée dans toute sa longueur par une rangée de six taches écarlates, dont les deux internes plus grosses; une tache rouge près de l'angle anal.

La femelle diffère en ce que sa bordure du dessus est bien plus large et un peu plus brune; en outre, au dessous, les trois ou quatre premières taches elliptiques des supérieures et tout le disque des inférieures sont jaunes.

Une variété femelle de Java a le dessous égal à celui du mâle, une autre de Sumatra n'a que la moitié basale des secondes ailes jaunes et sa bordure ne contient que quatre taches et un point, rouges.

La chenille est d'un jaune d'ocre, revêtue de quelques soies de la même couleur. Sa tête, ses pattes écailleuses, ainsi que des taches sur les dix pattes membraneuses et sur la plaque anale, sont noires. La chrysalide est d'un beau jaune; elle a le ventre hérissé de pointes dont 12 sont noires, et les autres jaunes. (D'après un dessin, fait à Java.)

Hyparete, qui semble assez commune à Java, se trouve aussi aux îles de Sumatra et Céram.

8) P. HAEMORRHOEA, Voll. (Pl. 2. fig. 5.)

P. alis albis, supra anticarum, subtus omnium venis nigris, subtus posticarum parte basali et abdominali flavo, maculis marginalibus tribus miniaceis, feminae alis fuscescentibus.

Exp. alarum: 60—75 mm.

Hab. Banca.

Cette espèce est très-voisine de la précedente, plus encore de *l'Autonoe* Stoll; cependant elle paraît bien être une espèce distincte, de nombreux exemplaires provenus de Banca étant identiques, sans offrir de transition avec l'espèce chinoise.

Corps noir jusqu'au tiers de l'abdomen, ensuite blanc.

Tête et thorax vêtus de poils gris, entre lesquels l'on aperçoit des touffes de poils noirs, particulièrement sur le front et les palpes labiaux; abdomen couvert d'écailles blanches. Yeux d'un brun rougeâtre foncé. Antennes noires, à traits blancs en dessous et sommet gris. Pattes rayées de brun et de blanc. La couleur grise est plus brunâtre chez la femelle.

Dessus des ailes du mâle blanc, les premières ayant les nervures et un petit liséré au bord extérieur noirâtres, les secondes sans taches. Dessous des supérieures comme le dessus, excepté que la couleur noire des nervures est un peu plus dilatée. Dessous des postérieures veiné de noir, sauf le point de section du pli et de la nervure disco-cellulaire; une bordure noire le long du bord extérieur. La base et la moitié de l'aile vers le bord abdominal d'un jaune de chrome; de l'angle anal vers l'angle interne trois taches de couleur vermillon, touchant la bordure, les deux internes grandes, la troisième plus petite et en coeur. Une petite tache rouge anale se fondant dans le jaune et un point rouge sur le sommet du pli cellulaire.

La femelle diffère en ayant toutes les ailes plus ou moins brunâtres; parfois on observe une rangeé de taches elliptiques jaunes au sommet des supérieures.

Je crois cette espèce propre à l'île de Banca; peut-être toutefois la retrouve-t-on à Billiton.

9) P. ROSENBERGII, Voll. (Pl. 2. fig. 6. Pl. 3. fig. 1.)

P. alis maris supra albis, fascia subapicali nigra, feminae fuscis disco et fascia subapicali albis; posticis in utroque sexu subtus flavis, venis, plaga basali et fascia marginali lata nigra, hac septem ornata maculis sanguineis.

Exp. alarum 70—80 mm.

Hab. Celebes.

Espèce qui lie le groupe des précedents à celui de *Descombesii* et *Belisama*, n'ayant que trois nervures supérieures aux premières ailes.

Corps noir, vêtu sur la tête et le thorax de longs poils gris, plus foncés chez la femelle. Quelques poils roides, noirs, sur le front et les palpes. Yeux d'un brun violet. Antennes noires, raycés inférieurement de blanc. Pattes a raies noires et grises. Abdomen couvert d'écailles blanches.

Mâle. Ailes blanches en dessus, un peu bleuâtres vers la base et sur les nervures. La côte et le sommet des antérieures saupoudrés de noir; une bande noire, dentelée postérieurement, traverse l'aile entre la cellule discoïdale et le sommet. Elle prend naissance à la première bifurcation de la seconde nervure supérieure et descend jusqu'au point ou la troisième inférieure touche le bord. Sur les secondes ailes on voit luire faiblement le dessin du dessous.

Dessous des premières d'un noir brunâtre avec le disque blanc, veiné de noir, et offrant une bande sousapicale blanche de quatre taches elliptiques et de deux points. Les inférieures d'un beau jaune de chrome, sauf les deux cellules entre la 1ʳᵉ et la 3ᵉ supérieures, veineés de noir et marquées de taches noires irrégulières à la base des principales nervures. Une large bordure d'un noir brunâtre offre six taches d'un rouge de sang, la première ronde, la seconde allongée, les autres triangulaires.

La *femelle* ne diffère qu'en ce que le dessus de ses ailes est d'un brun peu foncé à disque blanc, veiné de brun; on y observe une rangeé sousapicale de 6 taches blanches. Son dessous est égal à celui du mâle. Chez les deux sexes toutes les franges sont blanches.

M. de Rosenberg nous a envoyé un grand nombre d'invididus, trouvés dans la presqu'île septentrionale de Célébes. Plusieurs années auparavant, M. le docteur Müller avait pris les deux sexes aux environs de Macassar, à la pointe méridionale de la même île.

10) P. CANDIDA, Voll. (Pl. 3. fig. 2.)

P. alis supra albis, costa tenuissime nigra; subtus anticarum costa, apice et fascia subapicali nigris, posticis basin versus flavis, fascia maculari aurantiaca inter fasciam et maculas marginales nigras.

Exp. alarum 72 mm.

Hab. Batjan.

Corps noir, revêtu de poils gris sur le dos du thorax, de poils blancs jaunâtres sur la poitrine, l'abdomen à écailles blanches. Antennes noires; yeux d'un brun violet; palpes labiaux hérissés de poils gris à l'extérieur, de blancs à l'intérieur, leur troisième article noir. Pattes blanches, rayeés de noir.

Dessus des ailes d'un blanc pur, au travers duquel l'on voit luire le dessin du dessous. Côte à liséré très-noir. Dessous des premières ailes blanc, à côte noire; entre le sommet qui lui-même est noir, et la cellule discoïdale s'étend une bande recourbée noire, touchant à une tache longitudinale costale; au delà de cette bande les nervures sont noires. Dessous des secondes d'un jaune jonquille sur la moitié basale et abdominale. Une bande submarginale de six taches aurores, la plupart en coeur et ceintes de blanc jaunâtre, séparées entre elles par des traits noirs qui prennent naissance dans une courte bande noire et se terminent en quatre taches triangulaires marginales. De l'angle anal sort en outre une tache aurore qui se fond dans le jaune. Les franges sont blanches.

Nous devons notre unique individu, qui est un mâle d'une parfaite fraicheur, originaire de l'île de Batjan, aux explorations de M. Bernstein.

11) P. MYSIS, F. var. LARA de Haan.

Boisd., *Spéc. Gén.* I. p. 461.

P. alis albis, nigro-marginatis, subtus anticarum apice flavofasciato, limbo posticarum nigro, sanguineo-fasciato.
Exp. alarum 68 mm.
Hab. Nova Guinea.

Variété locale de la *Mysis*, dont elle ne semble différer qu'en peu de choses. Corps noir, hérissé de poils gris sur le dos, blancs sur la poitrine; abdomen couvert d'écailles blanches. Antennes noires; palpes gris à quelques soies noires; yeux bruns. Ailes blanches; côte des supérieures noire, saupoudrée de gris à la base; une bordure noire élargie au sommet et ne descendant pas jusqu'à l'angle interne, marquée de trois faibles taches blanches; limbe postérieur des secondes ailes noir. Dessous des premières semblable au dessus, excepté que la base est jaunâtre et qu'à la place des taches blanches se voit une raie apicale, composeé de 4 à 6 taches jaunes. Dessous des secondes jaune à la base, et en outre depuis le bord abdominal jusqu' à la troisième nervure inférieure. La bande noire marginale est deux à trois fois plus large qu'en dessus, divisée dans toute sa longueur par une bande d'un rouge sanguin, coupée elle-même par les nervures noires.

Le Muséum ne possède que des mâles originaires de la Nouvelle Guinée. Je ne vois point au sommet des premières ailes en dessus, la raie jaune dont parle Boisduval.

12) P. TIMORENSIS, Boisd. (de Haan).

Boisd., *Spéc. Gén.* I. p. 459. n°. 30. — Horsf. & Moore, *Catal. of Museum E. I. Comp.* I. p. 83. n°. 168. Pl. II *a.* fig. 5. *Vishnu.*

*P. alis albidis, margine lato, feminae latiore atro, fascia apicali alba maculari;
subtus nigris, basi anticarum pallida, dimidio basali posticarum flavo, puncto et fascia
submarginali sanguineis.*

Exp. alarum 60—68 mm.

Hab. Timor.

Cette espèce appartient à la section dans laquelle les premières ailes n'ont que trois
nervures supérieures. Corps noir à poils gris en dessus, blancs et jaunes en dessous.
Palpes labiaux blancs à quelques poils noirs, leur dernier article noir. Antennes noires,
à une raie blanche, peu distincte, en dessous. Yeux d'un brun clair; abdomen couvert
d'écailles blanches. Pattes blanches à courtes épines noires. Dessus des ailes d'un blanc
bleuâtre, sauf à la base des secondes où le blanc est jaunâtre; une large bordure d'un
noir profond sur les quatre ailes, coupée au sommet des supérieures par une raie arquée
de cinq taches d'un blanc de neige. Dessous des antérieures noir avec la base d'un
blanc jaunâtre dans la cellule, bleuâtre entre la médiane et le bord intérieur; outre la
raie apicale comme en dessus, ou remarque un point blanc sur la nervure disco-cellulaire. Dessous des postérieures d'un beau jaune de chrome sur la moitié basale, ensuite noir avec un point rouge sur la nervure disco-cellulaire et une bande étroite sousmarginale, composée de sept lunules et d'une tache ronde d'un rouge de sang.

La femelle diffère par la couleur de la base qui est d'un blanc sale, et celle de la
bordure qui est d'un noir brunâtre; en outre la bordure est plus large de moitié, en
dessus comme en dessous, où la base des supérieures est jaune comme celle des inférieures.

M. le docteur S. Müller a découvert cette belle espèce dans l'île de Timor. Elle
est identique avec la *P. Vishnu* Moore et je crois que l'auteur Anglais se trompe en
lui donnant Java pour habitat.

13) P. POECILEA, Voll. (Pl. 3. fig. 3).

*P. alis maris albis, supra anguste nigro-marginatis litura apicali nigrescente, subtus
costa, apice et fascia subapicali nigris, posticarum basi late flava, margine lata nigra
miniaceo-fasciata; alis feminae nigris, supra fascia alba marginali, subtus anticis nigris
albo-fasciatis, posticarum basi viridiflava, margine sicut in mare.*

Exp. alarum 72—76 mm.

Hab. Halmaheira meridionalis et Morotai.

De la même section que la précédente et très-voisine de *l'Isse* Cram. Corps noir,
vêtu de poils gris sur le dos et de poils blancs et jaunes inférieurement. Poils de la
tête d'un blanc verdâtre, mêlés à des poils noirs; bordure des yeux blanche. Antennes
d'un noir profond, à une raie blanche en dessous. Palpes blancs à poils mêlés blancs
et noirs; leur troisième article noir en dessus et à l'extérieur, blanc en dessous et à
l'intérieur. Yeux d'un brun pourpre. Abdomen vêtu d'écailles blanches. Pattes blanches, rayées de brun noirâtre.

Mâle. Ailes blanches; un filet noir, à la côte et l'apex des supérieures, descend
jusqu'à la moitié du bord extérieur; de là un trait nébuleux, noirâtre, arqué, remonte

obliquement vers la côte; les quatre nervures entre ce trait et le bord sont finement noirâtres. Les ailes inférieures sont bordées extérieurement d'un filet noir, qui s'élargit en triangles entre les nervures inférieures. En dessous des supérieures le filet noir s'est tellement élargi que tout le sommet est noir, sauf une bande arquée composée de cinq taches blanches. Les inférieures sont jaunes à la moitié basale; ce jaune, jonquille au bord antérieur, passe au jaune de chrome vers l'angle anal. Le reste de l'aile est presque entièrement couvert d'une large bordure noire, rétrécie aux deux extrémités et traversée par une bande ondulée d'un rouge vermillon, composée de six taches, dont la troisième très-étroite.

Femelle. Dessus des ailes d'un noir terreux, saupoudré de gris verdâtre à la base. Une rangée sousapicale aux supérieures de cinq taches blanches; la frange du bord intérieur blanche. Quatre taches et un trait au bord extérieur des secondes ailes blanchâtres, ainsi que la majeure partie de leur bord abdominal. Dessous des premières comme le dessus, excepté que la base est décidément d'un gris verdâtre et que la rangée sousapicale compte six taches. Le dessous des secondes a la moitié basilaire d'un jaune verdâtre jusqu'au second tiers de la cellule; le reste de l'aile est noir, traversé par la bande rouge qui compte ici huit taches.

M. Bernstein a découvert cette espèce dans la partie méridionale de Halmahéra et l'a retrouvée à Morotai.

14) P. HERODIAS, Voll. (Pl. 3. fig. 4.)

P. alis feminae supra dimidiatim cinerascentibus ac nigris, fascia marginali macularum albarum; subtus nigris, anticis basi flavidis, disco coerulescentibus et juxta marginem fascia maculari alba, posticis dimidio basali flavis, fascia marginali macularum aurantiarum.

Exp. alarum 60—72 mm.

Hab. Galela in Halmaheira.

Cette espèce nouvelle dont je ne connais que la femelle, ressemble fortement à la précédente; mais elle en diffère par les caractères suivants. La majeure partie des ailes, en commençant par la base, est d'un gris cendré. Toutes les franges sont blanches; les taches blanches des premières ailes sont moins nettes, celles des secondes sont bien plus grandes, souvent rougeâtres, s'unissant aux franges. En dessous les premières sont d'un bleu cendré à base verdâtre et à côte et sommet noirs; la bande maculaire compte une tache de plus. Aux inférieures le noir prend plus de place au détriment du jaune, et la bande sousmarginale est composée de six taches orangées, presque toutes en forme de coeur et ceintes de jaune.

Quelques individus de cette espèce nous furent envoyés de Galela sur la côte méridionale de l'île Halmahéra. Une d'elles a les deux premières taches au dessous des ailes supérieures jaunes; une autre a le noir du dessous des inférieures de couleur d'encre bleuâtre.

15) P. ISSE, Cram.

Cramer, *Pap. exot.* Pl. 55. E. F. et 339. C. D. Godart, *Enc. méth.* IX. p. 151. n°. 114. Boisd., *Spéc. Gén.* I. p. 462. n°. 34.

P. alis maris albis costa margineque angusto nigris, feminae fusconigris, maculis apicalibus albis; subtus posticis in utroque sexu dimidiatim flavis nigrisque, fascia marginali macularum sex aurantiarum.

Exp. alarum 60—72 mm.

Hab. Amboina et Ceram.

Taille et port de *Poecilea;* corps, antennes, palpes, yeux et pattes comme cette espèce.

Mâle. Dessus des ailes blanc avec une bordure noire de largeur médiocre ou étroite, presque toujours ornée de quelques points blancs aux inférieures; dessous des premières ailes jaune à la base, ensuite blanc avec la côte et un triangle apical d'un noir brunâtre; dans ce dernier une bande arquée composée de cinq à six taches ovales, dont les deux antérieures jaunes, les autres d'un blanc jaunâtre. Dessous des secondes jaune aux deux tiers, saupoudré de gris; le dernier tiers noir marqué d'une série de six taches d'un jaune souci, dont les trois internes presque triangulaires.

Femelle. Dessus des ailes d'un noir brun, un peu grisâtre à la base avec une rangée apicale de trois taches et d'un point blancs, aux supérieures. Dessous d'un noir brun avec le tiers basal jaune, pointillé de noirâtre; sommet des premières offrant une rangée de cinq taches jaunes ou jaunâtres, bord postérieur des secondes marqué d'une série de taches comme chez le mâle.

Nous avons reçu cette espèce d'Amboine et de Céram. Boisduval lui donne en outre pour patrie Célébes et Timor, ce que je ne saurais affirmer.

16) P. PHILYRA, Godt.

Godt., *Enc. méth.* 150. n°. 113. Cram., *Pap. exotiq.* Pl. 210. A. B. ♂ et 339 ([1]) E. F. ♀. Boisd., *Spéc. Gén.* p. 462. n°. 35.

P. alis maris supra albis nigromarginatis, feminae fusco-cinerascentibus, late nigromarginatis, fascia in utroque sexu apicali macularum albarum; subtus omnibus nigris basi flava, anticis fascia maculari flava, posticis disco rubro strigis nigris.

Exp. alarum 64—72 mm.

Hab. Amboina, Ceram, Sumatra et secundum auctores Nova Guinea.

Encore une espèce, appartenant au même groupe que les précédentes et très-voisine *d'Isse.* Corps, antennes, palpes, yeux et pattes comme cette espèce.

Dessus des ailes du mâle blanc, avec une bordure noire élargie au sommet des supérieures, où elle est traversée par une bande arquée de quatre taches blanches. Dessus des ailes de la femelle d'un noir brunâtre à base cendrée, ou bien d'un cendré bleuâtre, à large bordure noire; le sommet offrant une bande arquée de cinq taches blanches. Dessous des premières ailes noir, à moitié basale jaune et la partie entre le

---

([1]) Dans les citations de Boisduval se sont glissées plusieurs fautes d'impression; 159 au lieu de 150, 110 au lieu de 113, 329 au lieu de 339. Les auteurs Anglais les ont soigneusement copiées.

pli intermédian et le bord intérieur blanche; une bande arquée jaune, divisée par les nervures, au sommet de ces ailes; quelquefois un point blanchâtre à l'extrémité de la cellule discoïdale. Dessous des inférieures jaune à la base, saupoudré de brun; depuis la moitié de la cellule discoïdale l'aile est d'un rouge sombre, sauf une bordure noire et au milieu du rouge une tache palmée plus ou moins large.

Variété. Les individus femelles de Sumatra ont le dessus des ailes plus bleuâtre et le dessous des inférieures sans tache palmée noire; seulement les nervures noires sont tant soit peu dilatées.

Plexaris Godt., que Boisduval cite comme variété de *Philyra* et qui est propre à la Nouvelle Hollande, ne m'est connue que par sa description et celle de Godart.

Nous avons reçu *Philyra* de Sumatra, d'Amboine et de Céram. Boisduval et les auteurs des *Genera of diurnal Butterflies* lui donnent en outre pour patrie la Nouvelle-Guinée.

17) P. DORIMENE, Cram.

Cram., *Pap. exot.* Pl. 387. C. D. — Godt., *Enc. méth.* IX. p. 147. n°. 103. (*Pieris Ageleis.*)

P. alis anticis nigris, posticis albis, margine nigro in mare angusto, in femina latiore, posticis subtus flavis, margine nigro flavoguttato.

Exp. alarum 52—60 mm.

Hab. Ceram et, ut dicunt, Amboina.

Espèce assez petite, voisine de la suivante. Corps noir, vêtu de poils gris, jaunâtres sur le front et la poitrine. Palpes gris a poils gris, mélangés de noirs. Antennes noires, rayées inférieurement de blanc. Yeux bruns. Pattes blanches à raies brunes. Abdomen couvert d'écailles blanches. Trois nervules supérieures aux premières ailes.

Dessus des ailes supérieures d'un noir brunâtre; chez le mâle elles sont comme couvertes de givre, ce qui est dû à une multitude d'écailles blanches, de forme très-allongée; cette poussière s'entasse au sommet jusqu'à donner origine à quelques traits blancs. Dessus des inférieures blanc, faiblement saupoudré de brun à la base chez la femelle, à bordure noire large chez celle-ci, étroite chez le mâle. Dessous des supérieures d'un brun noirâtre dans les deux sexes, offrant au sommet une rangée de quatre à cinq taches jaunes, dont l'antérieure la plus grande. Dessous des inférieures d'un jaune gomme-gutte, avec une bordure noire, étroite dans le mâle, large chez la femelle, chargée de quatre points jaunes chez le premier, de six taches ovales jaunes chez la seconde.

Varieté. Parfois la série de taches au sommet des supérieures est blanche en dessous.

Le Muséum reçut cette espèce de Céram. Cramer, et plus tard Boisduval et Doubleday, la disent originaire d'Amboine.

18) P. BELISAMA, Cram.

Cram., *Pap. exot.* Pl. 258. A. B. ♂ C. D. ♀. Godt., *Enc. méth.* p. 147. n°. 104. Boisd., *Spéc. Gén.* I. p. 464. n°. 37.

P. alis supra albis s. flavis, margine nigro, in femina latiore, subtus anticis nigris, maculis apicalibus flavis, posticis flavis, basi litura sanguinea, margine nigro, dentato et flavomaculato.

Exp. alarum 48—76.

, *Hab. Java et Sumatra.*

Espèce assez variable en couleur. Corps noir, vêtu de poils gris, ou blancs jaunâtres, d'un jaune de souffre, d'un jaune d'ocre ou même noirs. Abdomen du mâle couvert d'écailles blanches ou jaunes, celui de la femelle d'écailles noires ou ochracées. Antennes toujours noires. Yeux d'un brun très-foncé.

La couleur du dessus des ailes varie beaucoup; on y remarque les nuances suivantes: blanc bleuâtre, blanc de craie, blanc jaunâtre, blanc à limbe couleur de soufre, jaune d'ocre, jaune de soufre, souci, orange très-foncé. La côte des supérieures et le limbe des inférieures (souvent très-large chez la femelle) sont noirs, les premières ayant en outre, à l'extrémité un triangle noir, grand, dont le côté interne est un peu anguleux. La bordure noire, toujours plus large chez la femelle, lui couvre quelquefois les deux tiers des ailes. Dessous des premières ailes noir, souvent avec une raie blanche ♂, ou jaune ♀ au sommet de la cellule discoïdale, quelquefois saupoudré de blanc ou de jaune sur la sousmédiane; le sommet de ces ailes marqué dans les deux sexes de trois ou quatre taches jaunes, ou blanches, elliptiques, s'alignant ordinairement avec deux ou trois points marginaux de la même couleur. Dessous des secondes d'un jaune, tantôt de soufre, tantôt de chrome, tantôt tirant sur l'orangé, avec une bordure noire, de largeur médiocre, dentée en scie intérieurement et divisée par une rangée de taches triangulaires ou ovales de la couleur du fond; entre la costale et la souscostale une raie rouge, souvent assez large, pointue aux extrémités.

Variétés. La ligne qui sépare la couleur claire du noir, passe quelquefois sur la nervure disco-cellulaire dans les mâles, mais ordinairement elle tombe au delà et chez un petit nombre d'exemplaires en deçà de cette nervure. Une femelle à couleur orangée offre dans la bordure noire une raie orange sur l'extrémité de la cellule et trois traits de cette couleur au sommet de l'aile. La plus belle variété du mâle est celle qui a le blanc du dessus entouré d'une bordure jaune de soufre. Un seul exemplaire n'offre en dessous aucun vestige des taches elliptiques, apicales, aux premières ailes; chez quatre individus on ne les aperçoit qu'avec peine. Une autre variété offre au lieu de bordure aux inférieures, un mince filet précédé de taches noires en fer de flèche.

La chenille et la chrysalide ont été figurées par Horsfield dans son *Catalogue of Lepid. in the Museum of the hon. East-India Comp.* Pl. 1. fig. 14 et 14 a. La première est assez grasse, d'un vert pâle, feuille-morte dans les incisures et au ventre; la tête est noire à quatre traits blancs longitudinaux. Les pattes écailleuses sont noires, les membraneuses brunes. Tout le corps est revêtu de longs poils jaunes. La chrysalide est d'un gris brunâtre à pointes crochues, noires, sur le dos.

Belisama semble être assez commune dans les îles de Java et de Sumatra. Tous les individus de la dernière contrée sont blancs en dessus; il paraît que les variétés orangées proviennent des résidences orientales de Java.

19) **P. ARUNA**, Boisd.

Boisd., *Voyage de l'Astrol. Faune de l'Ocean Pac.* Pl. 48, n°. 4 ♂, n°. 5 ♀ (*Bajura*).
Boisd., *Spéc. Gén.* p. 466, n°. 40 et 467, n°. 41. Hewits., *Exot. Butt.* Part 37.
Pieris III, fig. 20, 21, 22.

P. alis supra in mare aurantiacis, apice late, posticarum margine tenui nigro, in femina nigris, anticarum macula magna quadrata alba, posticarum dimidio basali flavido, antennis in utroque sexu albis.

Exp. alarum 62—74 mm.

Hab. Insulae Batjan, Obi, Waigeu et Nova Guinea.

Très-belle espèce, dont Boisduval a décrit les deux sexes sous des noms différents, en se trompant sur le sexe, car c'est l'*Aruna*, qui est le mâle. Corps noir, revêtu de poils gris et jaunes dans le mâle, d'un jaune de soufre chez la femelle; abdomen couvert d'écailles jaunes, plus foncées chez le premier. Yeux d'un brun pourpre. Antennes *blanches* en dessus, noires en dessous. Palpes noirs à poils jaunes, mélangés de noirs. Pattes rayées de noir et de jaune.

Trois nervures supérieures. Le mâle qui ressemble fortement à la variété orangée de *Belisama*, a les ailes de cette couleur en dessus, les supérieures ayant la côte et une bordure apicale en forme de triangle d'un noir profond, les inférieures offrant une légère bordure noire au bord extérieur. La partie costale et le bord abdominal des secondes d'un jaune de soufre. Dessous des supérieures noir avec un trait oblique à l'éxtrémité de la cellule et une tache sur la sousmédiane, blancs. Les secondes noires en dessous avec une tache basale et une large bande rouge, cette dernière plus près de la base que du bord extérieur. — Dessus des quatre ailes de la famelle d'un noir profond, saupoudré de jaune verdâtre à la base, chez les postérieures jusqu'à la moitié; une tache blanche en lozange couvrant la majeure parti de la cellule discoïdale des premières. Dessous des ailes supérieures d'un noir brunâtre, saupoudré de jaunâtre à la base des nervures costale et médiane; une large tache blanche en lozange sur l'extrémité de la cellule discoïdale; dessous des secondes d'un noir profond et velouté, avec une tache basale rouge, pointue aux deux éxtrémités et une bande jaune, saupoudrée de noir, à la place de la bande rouge du mâle. Un exemplaire offre en dessous une rangée de six points blancs, décrivant un tiers de cercle entre la tache blanche et le bord extérieur sur les premières, et trois points y faisant suite sur les secondes.

Les naturalistes de *la Coquille* trouvèrent cette espèce à Offack, dans la Nouvelle-Guinée. M. Bernstein envoya au Muséum des exemplaires de Waigeou, Batjan et Obi.

20) **P. DESCOMBESII**, Rog.

Boisd., *Spéc. Gén.* p. 465, n°. 38.

P. alis albis, cinerascentibus basi, costa et late in apice; subtus anticis nigris, macula media obliqua alba, et serie macularum oblongarum apicem versus; posticis aurantiacis margine nigro, macula basali sanguinea, marginalibus sex sulphureis.

Exp. alarum 80—88 mm.

Hab. Celebes.

Boisduval donne à sa *Descombesi* qui est propre à la Cochin-Chine, le port et la taille de *Belisama*, dont il lui paraît qu'elle pourrait être une variété locale. Nos exemplaires provenant de Célébes, ont le port et la taille de la *Hombronii*, c'est-à-dire les ailes allongées et le sommet un peu pointu; néanmoins le dessin et les couleurs ne semblent point ou peu différer.

Corps du mâle, seul sexe qui je connais, noir, vêtu de poils gris et d'écailles grises et blanches. Yeux d'un brun sombre; antennes noires à traits blancs. Palpes noirs, hérissés de poils gris. Pattes brunes à écailles blanches, clairsemées.

Ailes (à trois nervures supérieures) blanches, saupoudrées de gris à la base, à la côte et sur une large bande apicale qui descend le long du bord extérieur. Celui des inférieures grisâtre. Dessous des supérieures d'un noir brun, saupoudré de jaunâtre et de blanchâtre sur les nervures; une large tache oblique et plus en lozange qu'en forme de larme à l'extrémité de la cellule discoïdale; une série sub-apicale et sousmarginale de taches allongées, graduellement plus courtes, dont les premières jaunes, les autres blanches. Ailes inférieures noires en dessous, à disque d'un jaune souci et tache souscostale rouge, pointue à l'extrémité. Le jaune s'étend au travers de la bordure noire à l'angle anal. Un point blanc sur la nervure discocellulaire. Une rangée de six taches triangulaires d'un jaune de paille le long du bord extérieur. Franges des quatre ailes blanches.

Le Musée possède des individus de différents districts de Célébes. — M. Boisduval décrit la femelle dans les phrases suivantes:

« Femelle avec les deux surfaces des ailes supérieures entièrement noires, et ayant de part et d'autre, le dessin qui n'existe que sur la face inférieure des ailes correspondantes du mâle. Les ailes inférieures d'un blanc roussâtre avec une large bordure noirâtre, crénelée intérieurement, divisée entre chaque nervure par un petit trait blanchâtre à peine sensible. Dessous de ces dernières comme dans *Belisama*, mais d'un jaune moins vif. *«*

21) P. ZEBUDA, Hew.

Hewitson, *Exot. Butterfl.* Part 44. *Pier.* VII, fig. 49, 50.

Il se pourrait que cette espèce fut la même que la précédente, bien que la femelle semble différer; à défaut d'exemplaires de ce sexe, je dois m'abstenir d'en juger et je traduis la description de Hewitson.

Son mâle est comme celui de notre 20e espèce, sauf qu'en dessus l'extrémité des nervures des supérieures est noir et qu'en dessous la base de ces ailes est plus grise.

« Femelle, dessus d'un brun grisâtre ou verdâtre; une tache blanche à l'extrémité de la cellule discoïdale des quatre ailes; une bande arquée de six taches mal circonscrites de couleur blanche, grisâtre ou verdâtre, le long de leur bord extérieur. Dessous comme chez le mâle à l'exception du gris à la base des premières ailes et sauf que le jaune au disque des secondes est veiné de noir. *«*

« Hab. Menado. Expan. 3½ in. *«*

22) P. STENOBAEA, Boisd.

Boisd., *Spéc. Gén.* p. 466, n°. 39.

Encore une espèce que je ne counais pas en nature et qui ne me semble qu'une variété d'une des deux précédentes. Je transcris Boisduval.

» Très-voisine de *Belisama*, et plus encore de *Descombesi*, mais un tiers plus grande. Dessus des ailes du mâle blanc, avec la côte et l'extrémité des supérieures noirâtres; les inférieures sans bordure. Dessous des premières ailes moins noir que dans *Belisama*, avec les nervures blanchâtres, un trait blanc très-prononcé, presque en forme de larme, sur l'extrémité de la cellule discoïdale, trois traits blancs allongés près du sommet, suivis, près du bord marginal, de quatre gros points de la même couleur. Dessous des secondes ailes d'un jaune-de-chrome pâle, avec une bordure noire, comme dans *Belisama*, divisée de même par des taches de la couleur du fond; point de raie rouge à la base; la nervure souscostale bordée en dehors par une ligne noirâtre. Nous n'avons vu que des mâles. »
Moluques.

23) P. AUTOTHISBE, Hübn. (♀ Pl. 3. fig. 5).

Hübn., *Samml. Exot. Schmett.* II. *Pap.* 2. *Gentil.* 3. *Andropoda* A. *Voracia* 5. Boisd., *Spéc. Gén.* p. 452, n°. 20.

P. alis anticis maris supra et subtus albis, costa, margine, apice late nigris, feminae nigris albopunctatis, posticis subtus flavis venis nigris, maculis duabus basalibus sanguineis, margine nigro flavoguttato.

Exp. alarum 60—66 mm.

Hab. Java.

Habitus d'*Aspasia*; quatre nervures supérieures aux premières ailes. Corps noir vêtu de poils soyeux gris, un peu verdâtres sur le cou et les épaulettes; quelques poils jaunes sur la poitrine. Front hérissé de poils noirs, entremêlés de blancs; palpes labiaux moins relevés que chez les autres espèces, noirs à deux traits blancs éxtérieurs. Antennes noires à sommet brunâtre. Yeux d'un brun foncé. Pattes rayées de brun et de blanc.

Mâle. Ailes blanches en dessus; une bordure noire, prenant son origine à la base de la côte, va en s'élargissant et sinuée intérieurement, de manière à former un large triangle apical du tiers de l'aile; dans ce triangle se voient deux rangées de points blancs, chaqu'une de trois points. La bordure des inférieures, dentelée intérieurement, ne passe point l'angle anal, où un simple filet noir prend sa place. Le blanc des nervures paraît bleuâtre. Le dessous des supérieures ne diffère du dessus qu'en ce que la base est saupoudrée de noirâtre; dessous des inférieures d'un jaune de gomme-gutte, variant au jaune pâle et même au blanc, plus ou moins saupoudré de noir aux veines, et à la bordure noire, celle-ci divisée par un rang de taches jaunes. La base noire marquée d'un trait jaune et de deux traits rouges de sang.

Femelle. M. Boisduval ne l'a pas connue et décrit erroneusement comme femelle une variété du mâle. La femelle a les ailes supérieures entièrement noires en dessus, excepté trois taches peu distinctes sur le disque et deux rangées de taches blanches, l'extérieure de sept taches, l'intérieure de trois à quatre points. La bordure des inférieures est deux fois plus large et offre trois points vagues, blanchâtres. Le dessous des premières est égal au dessus; le dessous des secondes à celui du mâle.

Cette espèce semble être propre à l'île de Java.

24) P. PHILONOME, Boisd.

Ne connaissant point cette espèce en nature, je copie la description qu'en donne Boisduval, *Spécies Gén.* p. 453, n°. 21.

« Taille et port d'Autothisbe, à laquelle elle ressemble beaucoup au premier coup d'oeil. La bordure du dessus des ailes à peu près semblable pour la forme; divisée au sommet des supérieures par quatre traits blanchâtres, longitudinaux linéaires. Dessous de ces dernières ailes différant du dessus, en ce que les traits longitudinaux du sommet sont presque interrompus et jaunes à leur extrémité postérieure; dessous des secondes à peu près comme chez *Autothisbe*, excepté que la base est beaucoup moins noirâtre, et qu'elle est marquée, entre la racine de l'aile et la nervure costale, d'une tache rouge, formée par des poils courts coupés en brosse, située dans la place occupée chez *Autothisbe* par un point jaune et que les deux traits rouges manquent ».

« Java. — Coll. de M. Payen de Bruxelles ».

Boisduval n'a vu que le mâle.

25) P. JUDITH, F.

Fabr., *Ent. Syst.* III. 1. p. 202, n°. 632. Donov. *Ins. of India* p. 40. Pl. 27, fig. 2 (*mauvaise figure*). Godt., *Enc. méth.* IX. p. 121, n°. 8. — Hübn., *Zuträge* n°. 669, 670 ♀. Boisduv., *Spéc. Gén.* p. 468, n°. 44.

P. alis auticis supra albis costa nigricante, vena media sat late margineque nigris, posticis flavis, versus marginem fulvis, nigromarginatis.

Exp. alarum 50 mm.

Hab. Java, et secundum Boisduvalium Sumatra.

Jolie petite espèce, la première d'un groupe assez nombreux. Corps noir, hérissé sur le dos ainsi que la tête, de poils d'un gris verdâtre. Yeux bruns. Antennes brunes à traits blancs en dessons. Palpes blancs, rayés extérieurement de brun et vêtus de poils grisâtres et noirs. Poitrine couverte de poils jaunes; écailles de l'abdomen jaunâtres ou grisâtres. Pattes blanches, rayées de brun.

Mâle. Ailes supérieures blanches avec la base et la côte saupoudrées de noirâtre. La souscostale noire depuis le second tiers, la médiane couverte assez largement d'écailles noires, comme aussi la première et seconde supérieures; l'extrémité de l'aile bordée par une bande noire, marquée ordinairement de trois taches blanches. Dessous de ces ailes égal au dessus, excepté que la nervure médiane est encore plus dilatée et que deux des points de la bande sont jaunes. Dessus des secondes d'un jaune jonquille passant à l'orangé vers l'extrémité, avec une bordure d'un noir brunâtre un peu dentelée intérieurement; en dessous la bordure est un peu plus large, marquée d'un tache jaune vers l'angle externe et le jaune du disque offre une teinte égale.

La femelle diffère en dessus en ce que sa bande marginale est beaucoup plus large, le noir des nervures plus dilaté et les deux taches apicales jaunes; en dessous la bande noire des secondes porte quatre taches jaunes au lieu d'une.

Le Muséum n'a jamais reçu que des individus de Java; M. Boisduval dit en avoir vus qui venaient de Sumatra. M. Moore en connaît de Poulo Pinang.

26) P. ASPASIA, Stoll.

Stoll, *Suppl. Pap. Exot.* p. 148. Pl. 33, fig. 3 et 3 C. Godt., *Enc. méth.* IX. pag. 154, n°. 125 (*Asterope*). Boisd., *Spéc. Gén.* I. p. 469, n°. 45.

P. alis anticis albis nigro-venosis, posticis in mare aurantiacis, in femina fuscofulvis, in utroque tenuiter nigromarginatis.
Exp. alarum 52—66 mm.
Hab. Ambon, Ceram, Batjan, Morotai, Obi, Nova-Guinea.
Plus grande que Judith, à laquelle elle ressemble beaucoup.

Mâle. Corps, yeux, antennes et pattes comme chez celle-là. Dessus des ailes supérieures blanc; la côte, le sommet, la bordure, la meilleure partie des nervures et plusieurs taches entre celles-ci le long du bord extérieur, noirs. Dessus des inférieures d'un jaune fauve ou orangé, à base verdâtre et bordure noire, souvent trés-étroite, parfois un peu plus large, mais toujours bien plus étroite que celle de *Judith;* extrémité des nervures noires, se fondant dans cette bordure. En dessous des premières ailes le noir est tellement dilaté qu'on pourrait les nommer noires à taches blanches; les taches apicales sont ordinairement jaunes. Dessous des secondes comme le dessus, excepté que les nervures costale et souscostale sont noires et que trois traits arqués font bande à quelque distance du bord extérieur.

Femelle. Diffère du mâle en ces points-ci. La base du dessus des ailes est plus brunâtre; la bordure est plus large et embrasse deux petites taches jaunes apicales; le noir est brunâtre; le jaune orangé du dessus des inférieures est lavé de brun; sur le pli cellulaire se voit une tache brune avant la bordure. Le dessous est semblable à celui du mâle, sauf la couleur jaune qui est plus terne.

Variétés. Un exemplaire des îles Philippines a le dessus des inférieures d'un rouge un peu jaunâtre; au contraire des individus de Batjan et de la Nouvelle-Guinée offrent une couleur jaune de soufre.

Je ne connais pas d'exemplaire trouvé à Amboine, que Stoll lui donne pour habitat; mais je ne doute point que cette espèce ne s'y trouve. La femelle semble être bien rare ou se cacher continuellement sous le feuillage, car aucun de mes devanciers ne l'a décrite et entre une grande quantité de mâles le Muséum ne possède qu'une seule femelle. Celle-ci est de Céram.

27) P. LEA, Doubl.

Doubleday in Taylor's *Ann. Nat. Hist.* XXVII, 23. Idem in Doubl. et Hew. *Genera* Tab. 6. fig. 3. (*Clemanthe*).

P. alis anticis albis, nigro-venosis, posticis albis et inde a vena media ad angulum analem fulvis, margine nigro.
Exp. alarum 60—66 mm.
Hab. Borneo et Banca.
Port et taille de la précédente. Corps, antennes, palpes, yeux et pattes égales. Dessus des premières ailes semblable à celui de la *Judith;* des secondes blanc à base bleuâtre et bordure noire dans laquelle vont se fondre les extrémités noires des nervures blanches. Partie de l'aile entre la médiane, la deuxième inférieure et le bord abdominal et postérieur d'un jaune pâle à la base, fauve à l'éxtrémité. Dessous des supérieures blanc, à côte largement brune, saupoudrée de jaunâtre à la base; la médiane largement noir brunâtre et le bout de l'aile depuis la cellule de la dernière couleur, chargé de deux rangées de petites taches blanches, dont les deux apicales quelquefois jaunes; dessous des secondes jaune à nervures brunes, jusqu' à l'extrémité de la cellule discoïdale, et ensuite d'un brun noirâtre à trois ou quatre taches jaunes. La largeur de cette bordure noire est variable.
M. van den Bossche nous envoya un individu de l'île de Banca, M. Schwaner deux de Borneo. Un quatrième exemplaire, qui se trouvait dans la collection de M. le Professeur Blume, porte l'étiquette, vraisemblablement erroneuse, *Java.* Tous sont des mâles.

28) P. AMALIA, Voll. (Pl. 3. fig. 6).

P. alis anticis in mare albis fusco-venosis, feminae fuscis, longitudinaliter albo-maculatis; posticis in mare dimidiato albis et rufo-brunneis, margine fusco, feminae dimidiato fuscis et rufo-brunneis, cellula discoidali alba.
Exp. alarum 50—54 mm.
Hab. Sumatra et Banca.
Espèce très-voisine de la précédente. Le mâle a le dessus des premières ailes blanc, à base brunâtre, à bord, nervure médiane, nervures supérieures, la première inférieure et une bordure dentelée inférieurement d'un brun terreux. Deux petites taches blanches dans la bordure. Chez la femelle le dessus de ces ailes est brun et le disque des cellules s'en détache en blanc. Dessus des ailes inférieures blanc un peu jaunâtre inférieurement et depuis la médiane d'un rouge, jaunâtre à le base, brun vers le bord. La partie blanche a une bordure dentelée noirâtre, que se fond dans le brun de la seconde moitié. La femelle a le même dessin, mais la bordure d'un brun noirâtre s'étend en avant de la cellule le long du bord antérieur.
Le dessous du mâle ne diffère qu'en ce que la couleur et particulièrement le rouge est très pâle et terne. Dessous des premières ailes de la femelle semblable au

dessus; celui des secondes d'un jaune de paille en avant de la médiane, ensuite d'un jaune souci; les nervures brunes, la costale et souscostale plus élargies que les autres; une double bordure brune vers le bord, l'intérieure formée de lunules.

Le Muséum ne possède que deux exemplaires, un mâle de Sumatra et une femelle de Banca.

29) P. HESTER, Voll. (Pl. 4. fig. 1.)

P. alis anticis albis, basi et costa nigricantibus, apice et margine dentato nigro-fuscis, posticis flavidis, marginem versus fuscescentibus.

Exp. alarum 52—56 mm.

Hab. Nova Guinea.

Espèce très-voisine de la *Judith* et qui peut se décrire en indiquant seulement les différences qui se font observer entre elles. *Judith* a les couleurs décidées et fraiches, *Hester* au contraire ternes et se fondant l'une en l'autre. Son blanc est lavé de jaune, son jaune est fade et décoloré, son noir est un brun foncé. La nervure médiane est faiblement couverte de brun et ne tranche pas sur le fond blanc, comme chez *Judith*; la bordure obscure est plus large, notamment près de la côte et n'offre pas de taches blanches, seulement on voit un point nebuleux entre la première et la seconde nervure inférieure; la bordure des secondes ailes se fond dans le jaune du disque. Le dessous est semblable au dessus, sauf, que l'on voit aux premières ailes dans la bordure trois points jaunes et une tache blanche et aux secondes trois à quatre taches jaunes.

M. le dr. Müller rapporta deux exemplaires de la Nouvelle Guinée; ces exemplaires ayant tous deux perdu le bout de l'abdomen, il m'est impossible de juger de leur sexe.

30) P. EMMA, Voll. (Pl. 4. fig. 2.)

P. alis fuscis, anticis maculis 14 albis, posticis singula flavida; his subtus flavo et fusco variegatis, macula media elongata alba.

Exp. alarum 64 mm.

Hab. Batjan.

Cette espèce me paraîtrait la femelle de notre *Hester*, si elles avait le même habitat et s'il était certain que nos exemplaires fussent de sexe différent. En tout cas l'unique exemplaire de l'*Emma* est une femelle.

Corps, tête, palpes et pattes comme chez la *Timnatha*. Antennes noires à quelques traits blancs à la base. Yeux d'un brun clair. Ailes brunes en dessus, les supérieures offrant 14 taches d'un blanc sale, dont une allongée et nébulense dans la cellule, la plus grande et la plus distincte entre les 2ᵉ et 3ᵉ nervures inférieures, les autres en deux bandes arquées, dont la postérieure longe le bord extérieur. Aux inférieures on ne voit qu'une seule tache, d'un blanc jaunâtre, assez grande mais mal déterminée entre la 2ᵉ supérieure et la première inférieure. — Dessous des supérieures comme le dessous, sauf que la tache discoïdale est plus élargie. Dessous des inférieures d'un jaune très-sale ou fortement saupoudré de brun; la tache blanche comme en dessus et une rangée de taches rondes jaunâtres le long du bord extérieur.

31) P. CARDENA, Hew.

Je crois devoir insérer ici cette espèce que je ne connais que par la description suivante et la figure qu'en donne M. Hewitson des ses *Exotic Butterflies*, Part 37. *Pieris* III. Fig. 17 et 18.

♯ Dessus blanc. Ailes supérieures avec la moitié apicale noire, profondément dentée intérieurement; une des dents serrée de manière à offrir une tache en forme de coeur. Une rangée de trois taches blanches près du sommet. Ailes inférieures offrant des taches noires en fer de lance sur l'extrémité des nervures près du bord; ces taches élargies et formant une courte bande près de l'angle anal. Le dessous des premières est égal au dessus, excepté que le sommet est gris (la figure nous le montre brunâtre), en arrière de la rangée des taches blanches. Dessous des inférieures jaune avec les veines noires, la bordure assez large, grise, bordée elle-même intérieurement d'une ligne noire en zigzag. ♯

♯ Exp. des ailes $2\frac{7}{10}$ pouces Angl. — Hab. Borneo. ♯

32) P. TIMNATHA, Hew. (¹).

Hewitson, *Exot. Butterfl.* Part 44. *Pieris* VII, fig. 47, 48.

P. alis anticis dimidio basali albo nigro-venoso, dimidio apicali nigro, seriebus duabus macularum albarum; posticis griseis, venis anterioribus nigris; subtus quatuor albis nigro-clathratis, posticarum parte basali et anali aurantiacis.

Exp. alarum 52—64.

Hab. Celebes.

Espèce très-belle en dessous, peu remarquable en dessus, voisine des quatre dernières et encore plus de *l'Epiera* Boisd. Corps noir; poils de la tête, du cou et des épaulettes verdâtres, ceux du metathorax et de la base de l'abdomen gris, longs et soyeux; ceux de la poitrine, jaunes. Palpes labiaux blancs, rayés supérieurement et latéralement de noir; les deux premiers articles à poils noirs et blancs. Antennes noires à raie inférieure blanche et traits blancs supérieurement; sommet jaunâtre. Pattes blanches, rayées de brun.

(¹) S'il est vrai, comme le veut M. Hewitson (*Exotic Butterfl.* Part 37. *Pieris* III. n°. 19), que la *Pieris Temena* Hew. soit originaire de l'île de Lomboc, il faudra insérer ici cette espèce; mais je crois que l'auteur s'est trompé sur son habitat; car le Muséum de Leide possède un exemplaire femelle de la *Temena*, provenant de Van Diemen's-land, une contrée tellement distante de l'île susnommée, qui est une des petites îles Sondaïques, qu'il est difficile d'admettre que cette espèce se retrouverait dans ces deux pays, tandis qu'elle manque à la quantité de petites îles qui font le trajet de Lombok à la Nouvelle Hollande et manque également à cette vaste terre elle-même, ainsi qu'à la Nouvelle-Guinée. Du reste M. Hewitson ne connait que le mâle. L'espèce se distingue des autres du même groupe par le dessin du dessous des ailes inférieures, offrant un disque orangé, une bordure noire, ornée de taches d'un rouge carmin, et le bord antérieur de cette dernière couleur.

Ailes arrondies, blanches en dessus, les premières saupoudrées de gris seulement vers le bord interne, les secondes presque entièrement. Nervures des supérieures brunes, la médiane très-élargie; en deçà de la cellule discoïdale la couleur brune envahit l'aile à l'exception de deux rangées de taches oblongues blanches, dont l'extérieure est la moins soutenue. Aux secondes ailes seulement les nervures costale et souscostale ainsi que l'extrémité des autres sont élargies en brun, et cette couleur se perd dans un limbe étroit. Bord abdominal à reflet rougeâtre. Toutes les franges blanches.

Dessous des supérieures blanc, à toutes les nervures, la côte, une bande arquée et la bordure, brunes, ce qui fait ressembler l'ensemble à une grille. Base costale saupoudrée de jaune de chrome. Aux inférieures la moitié basale jusque auprès des nervures transversales est d'un jaune orangé — d'un jaune de chrome entre la costale et la souscostale; le reste de l'aile est blanc; les nervures sont brunes, et deux bandes, marginale et sousmarginale, sont de cette dernière couleur.

M. Hewitson dit que les deux taches apicales en dessous des ailes supérieures sont jaunes dans l'exemplaire de M. Wallace qui lui servait pour sa description. Aucun de ceux du Muséum n'offre cette particularité.

L'espèce semble propre à toute l'île de Célébes; nous la possédons des districts Tondano, Gorontalo, Poé, Panybie, etc. Ceux de Gorontalo sont plus petits que les autres. Je ne connais point la femelle.

33) P. CORONIS, Cram.

Cram., *Pap. Exot.* Pl. 44. B. C. ♀, 221. F. G. ♂ (*Evagete*). Fabr., *Ent. Syst* III. I. p. 198, n°. 619 (*Coronnis*). Godt., *Enc. Méth.* IX. p. 132, n°. 43.

P. alis supra in mare albis, costa venisque nigricantibus, margine nigro punctis tribus albis, posticis margine dentato nigro; in femina fuscis, maculis longitudinalibus albis; subtus posticis plus minus flavis fuscovenosis, serie submarginali macularum nigrarum.
Exp. alarum 50—58.
Hab. Java, Celebes.

Espèce très-répandue dans les Indes, que l'on retrouve au Bengale et en Chine, et qui offre plusieurs variétés locales. Les mâles du continent semblent être les plus blancs, viennent ensuite ceux de Java, tandis qui ceux de Célébes sont quelquefois plus foncés que les femelles.

Corps, tête, antennes et yeux pareils à ceux de *Timnatha*. L'abdomen est quelquefois entièrement couvert d'écailles blanches, mais ordinairement il est d'un gris brunâtre à ventre blanc.

Dessus des ailes du mâle de Java blanc, avec une bordure noire de largeur moyenne, sinuée intérieurement, un peu dilatée au sommet des supérieures, où elle est marquée de trois taches ou traits blancs. La côte, saupoudrée de gris et quelquefois de noir; la souscostale, la médiane, les nervures transversales et celles qui dépendent de ces dernières noires. Nervures des secondes ailes bleuâtres. Dessous des premières blanc, à base et sommet jaunes, avec toutes les nervures brunes et dilatées, souvent à ne laisser que peu de blanc entre elles. Trois taches noires sousmarginales aux premières, une bande sousmarginale de six taches noires aux secondes.

Dans la variété obscure, qui plus qu'une autre semble propre à l'île de Célébes, les supérieures sont en dessus comme divisées en deux champs, un blanc, basal, veiné de noir, s'étendant jusqu'à l'extrémité de la cellule discoïdale, et l'autre apical, noir, à quelques traits blanchâtres et deux taches blanches près de l'angle interne. Les inférieures à nervures dilatées noires, bande marginale et sousmarginale de la même couleur, et franges blanches. Le dessous presque égal au dessus, sauf que le réseau brun se détache bien plus nettement sur le blanc du fond. L'éducation de la chenille décidera la question, si ce papillon-ci doit constituer une espèce particulière.

Femelle. Plus sombre en dessus que le mâle; ses nervures brunes et dilatées, sa bordure et ses taches d'un brun terreux; en dessous presque égale au mâle, seulement un peu plus verdâtre. Elle varie du reste quant au nombre et à la grandeur relative des taches blanches.

Selon la figure qu'en donne Horsfield, la chenille serait allongée, rase, comme chagrinée, verte à l'exception d'une étroite bande latérale, bordée de lunules noirâtres des deux côtés. Sa chrysalide serait courte, trapue, anguleuse, verte, à traits blancs, et ligne latérale de l'abdomen jaune.

L'espèce est commune dans les contrées septentrionales de Java, de plus à Boné, Poé et Gorontalo dans l'île de Célébes. La variété *Zeuxippe* de Cramer ne semble pas se trouver dans l'Archipel Indien.

34) P. EPERIA, Boisd.

Boisd., *Spéc. Gén.* I. p. 470, n°. 48.

P. alis supra coerulescenti-albis, triangulo anticarum apicali nigro, lituris tribus dilutioribus; subtus albis, anticarum venis anterioribus, posticarum omnibus, limbo et fascia transversa semicirculari fuscis, basi aurantiaco.

Exp. alarum 72 mm.

Hab. Celebes.

La dernière et la plus grande espèce de ce groupe. Dessus des ailes blanc, mais bleuâtre partout où le dessin obscur de la page inférieure transperce. Les supérieures ont les nervures transversales et les trois qui en dépendent, noires, et un grand triangle noir au sommet, offrant trois ou quatre traits blanchâtres; les nervures devenant noires bien avant de se perdre dans le triangle. Le dessous ressemble à celui de la *Timnatha;* sauf qu'aux supérieures la médiane, la 3ᵉ inférieure et la sous-médiane ne sont point dilatées et que, aux secondes ailes, la bande sousmarginale est avancée jusqu'à toucher de bien près à la cellule discoïdale. L'espace compris entre elle et la bordure marginale est blanc, divisé par les nervures et les plis dont la couleur est brune.

Le Muséum possède quelques individus, envoyés par M. de Rosenberg de la partie septentrionale de Célébes; Boisduval semble s'être trompé en lui donnant Java pour patrie.

35) P. PITYS, Godt.

Godt., *Enc. Méth.* IX. I. p. 134, n°. 48. Boisd., *Spéc. Gén.* I. p. 470 , n°. 47.

P. alis supra albis, subtus flavis, margine latiori utrinque obscuro, macula apicali supra alba, subtus flava.
    Exp. alarum 46 mm.
    Hab. Timor.

Ailes assez obtuses, les premières à quatre nervures supérieures. Corps noir à poils verdâtres et gris en dessus, jaunes en dessous. Yeux d'un brun clair. Palpes labiaux d'un blanc jaunâtre, à troisième article rayé de blanc et de brun. Antennes brunes, pointillées de blanc. Abdomen couvert d'écailles d'un cendré bleuâtre en dessus, blanches sur le ventre. Pattes d'un jaune très-pâle, rayées de brun.

Dessus des ailes blanc avec la base des premières d'un cendré bleuâtre et la côte noirâtre. Une large bordure noire prend son origine à la moitié de la côte et descend jusqu'à l'angle interne; elle est très-sinuée du côté interne chez le mâle, assez régulière chez la femelle, et offre au sommet un seul point blanc, rond ou ovale. Les inférieures ont une bordure pareille, un peu moins sinuée, chez le mâle, très large chez la femelle. En dessous le dessin reste le même, mais les couleurs sont changées, le blanc étant remplacé par du jaune et le noir par un brun foncé. Notez que l'entour de la sous-médiane aux premières ailes est blanc ou blanchâtre.

Boisduval dit que le sommet porte quelquefois deux, et même trois taches, et connaît une variété où le dessus des ailes est d'un blanc jaunâtre.

M. le Dr. Müller nous envoya plusieurs exemplaires de l'île de Timor.

36) P. RACHEL, Boisd. (¹).

Boisd., *Spéc. Gén.* I. p. 469, n°. 46.

P. alis supra ex flavo albis, margine angustiori in mare nigro, in femina brunneo, apice bimaculato, subtus anticis albis, posticis flavis.
    Exp. alarum 46 mm.
    Hab. Tidore et Ceram.

Cette espèce est si voisine de *Pitys* que Boisduval suppose qu'elle en pourrait être une variété locale. Il suffira d'exposer les différences. La couleur blanche du dessus est un peu jaunâtre et passe directement au jaune près du bord abdominal des secondes ailes. La bordure est bien moins large, noire dans le mâle, brune dans la femelle. Les ailes antérieures sont blanches à base jaune en dessous; le sommet de ces ailes y porte deux

---

(¹) Il est difficile de concevoir pourquoi les auteurs des *Genera of diurnal Lepidoptera* ont placé la *Rachel* au n°. 33 de leur liste et *Pitys* au n°. 48, et inséré de cette manière 9 espèces dont une de Madagascar, entre ces deux espèces réellement si voisines.

taches et un point jaunes; en outre on aperçoit une petite tache à l'angle externe des inférieures.

M. Boisduval s'est trompé en la disant de Java; elle est propre aux îles de Tidore et de Céram.

37) P. CORONEA, Cram.

Cram., *Pap. exot.* Pl. 68 B. C ♂ et Pl. 361 (¹), G. H ♀. Fabr., *Ent. Syst.* III. I. p. 201, n°. 628. Godt., *Enc. Méth.* IX. I. p. 151, n°. 115. Boisd., *Spéc. Gén.* I. p. 474, n°. 52.

Nota: Selon Boisduval la femelle a été décrite sous le nom de *Papilio Dejopea* par Donovan, dans son ouvrage sur les Insectes de la Nouvelle Hollande. Tous mes efforts pour me procurer ce livre très-rare sont restés infructueux.

P. alis in mare albis late nigromarginatis, in femina fusco-nigris basi flavida, subtus in utroque sexu nigris, basi aurantiaco-radiata, margine posticarum sex maculis albis aut aurantiacis ornato.

Exp. alarum 50—60 mm (²).

Hab. Java, Sumatra, Timor, Celebes, Borneo.

Espèce variable, à quatre nervures supérieures aux premières ailes. Corps et tête couverts en dessus chez le mâle de poils soyeux d'un gris bleuâtre, souvent jaunâtre ou brunâtre chez la femelle; poitrine vêtue de poils d'un blanc jaunâtre, abdomen d'écailles blanches, un peu grisâtres sur le dos. Yeux d'un brun clair. Antennes noires, piquées de blanc vers le sommet; leur massue à trait jaune intérieurement. Pattes brunes, rayées de blanc, à poils blancs.

Mâle. Dessus des ailes d'un blanc bleuâtre, offrant des reflets jaunes par la transparence du dessin inférieur; une bordure noire ordinairement très-large, formant sur les supérieures un triangle apical qui envahit souvent toute la moitié extérieure de l'aile; au cas que la bordure est un peu plus restreinte, on aperçoit sur l'extrémité de la cellule discoïdale un trait noir en forme de virgule renversée. Aux inférieures la bordure noire n'atteint presque jamais la cellule; la nervure discocellulaire est toujours blanche et accompagnée de deux traits noirs, comme la figure admirablement la planche 68 de Cramer. Au sommet des supérieures se voient un ou deux traits blanchâtres et la frange des quatre ailes est sinuée et entrecoupée de blanc. — Dessous des ailes d'un noir brunâtre, les supérieures ayant la base orangée et la partie sousmédiane, ainsi que trois, quatre ou cinq taches apicales blanches, ordinairement ovales. Les ailes inférieures ayant tout le tiers basal orangé, mais rayonné et partagé en plusieurs taches par les nervures,

---

(¹) Boisduval cite la planche 360. On retrouve cette même faute chez les auteurs Anglais.

(²) Le Muséum possède un individu femelle dont les ailes n'ont que 42 millimètres d'expansion; je suppose que cette taille amoindrie aura été causée par le défaut de nourriture de la chenille.

dont la couleur est un noir brunâtre; le limbe postérieur offrant une rangée de six ou sept taches ovales, orangées ou blanches ou des deux couleurs; l'angle anal souvent blanc.

Femelle. Dessus des ailes d'un brun foncé, à base d'un jaune sale ou d'un blanc jaunâtre; quelquefois un trait blanchâtre au sommet. Le dessous est égal à celui du mâle.

Variétés. Quelques exemplaires offrent en dessous sur les supérieures deux ou trois taches blanches derrière les nervures transversales et six points blancs ou jaunes formant une bande courbe sur le milieu des inférieures. Un exemplaire a en outre la moitié de la cellule discoïdale aux supérieures blanche. — Un exemplaire femelle de Samarang, ayant la base des ailes blanchâtre en dessus, offre sur cette même surface aux quatre ailes une rangée marginale de taches blanches, dont les antérieures plus grandes.

Le Muséum ne possède que des individus de Java, Timor et Célébes. Cramer en figure un de Bornéo et selon Boisduval on retrouve la même espèce dans l'île de Sumatra.

38) P. TEUTONIA, F.

Fabr., *Ent. Syst.* III. I. p. 199, n°. 622. Donovan, *Ins. of New-Holl.* I. Pl. 17, fig. 1. Godt., *Enc. Méth.* IX. p. 152, n°. 120. Boisd., *Spéc. Gén.* I. p. 473, n°. 50.

Pap. D. C. alis integerrimis rotundatis albis: posticis subtus nigro venosis flavoque maculatis. Fab.

Je ne connais point en nature cette espèce qui selon Godart et Boisduval se rencontre à Timor. Les descriptions de ces auteurs diffèrent; voici celle de Godart:

" Elle a le port et à peu près la taille des précédentes (*Nysa, Eudora*). Le dessus de ses ailes est blanc, avec une bordure noire postérieure, large, entièrement divisée par une suite de taches blanches, dont les antérieures ovales, les autres rondes et plus petites. Les premières ailes ont en outre, vers le milieu de la côte, une bande noire transverse, courte un peu arquée et plus large dans la femelle que dans le mâle. Le dessous de ces mêmes ailes ressemble au dessus, mais les taches rondes de la bordure sont ici presqu'en forme de coeur. Le dessous des secondes ailes est fortement veiné de noir, avec l'origine de la côte, la majeure partie du bord interne et le milieu des taches du limbe postérieur d'un jaune foncé. Les quatre ailes ont de part et d'autre, un liséré blanc, interrompu par les legères sinuosités du bord. *"*

Boisduval décrit le dessous des secondes de la manière suivante: *"* d'un noir violâtre, avec environ 15 taches et le bord abdominal blancs, savoir: deux ovales oblongues vers la base; six ovales ou quadrangulaires, formant une bande courbe sur le milieu, et six arrondies alignées le long du limbe postérieur; ces dernières moitié blanches et moitié jaunes; origine de la côte, un trait basilaire et deux autres traits le long du bord abdominal, d'un jaune vif *"*.

Je suppose que la *Teutonia* n'est qu'une variété de la *Coronea.*

39) P. LAETA, Hew. (Pl. 4. fig. 3 ♀.)

Hewitson, *Exot. Butterfl.* Part 44. *Pier.* VII, fig. 45, 46 ♂.

P. alis supra albis nigromarginatis, anticis feminae nigris albomaculatis, subtus in utroque sexu anticis nigris, macula apicali flava, posticis flavis, macula subcostali et margine sanguineis.
Exp. alarum 50 mm.
Hab. Timor.

Une espèce rare, de coloration particulière en dessous. Corps, antennes, pattes, yeux et palpes comme chez *Coronea*. Dessus des ailes supérieures du mâle blanc à nervures finement noires et bordure dentelée de même couleur et de moyenne largeur; celui de la femelle noir avec cinq taches blanches, une costale et quatre apicales, en outre une large tache blanche ovale du bord intérieur jusqu'à la troisième inférieure. Dessus des supérieures chez les deux sexes d'un blanc jaunâtre a liséré marginal noir chez le mâle, à bordure assez étroite de cette couleur chez la femelle. Dessous des supérieures égal dans les deux sexes, d'un noir profond et velouté à base saupoudrée de jaune verdâtre et partie sousmédiane blanche. Une petite tache quadrangulaire d'un jaune pâle à la côte, passé la cellule discoïdale, et le sommet d'un jaune souci, veiné de noir. Dessous des inférieures d'un jaune orangé chez le mâle, souci chez la femelle; les nervures costale et 3ᵉ supérieure noires, dilatées, et l'espace entre elles d'un rouge sanguin. Bordure alternée chez le mâle de taches triangulaires rouges et de traits noirs, chez la femelle marquée de taches quadrangulaires rouges, ceintes de noir.

Cette jolie espèce se trouve dans l'île de Timor.

40) P. MOMEA, Boisd.

Boisd., *Spéc. Gén.* I. p. 477, nᵒ. 56.

P. alis albis, margine nigro albo-guttato, subtus anticis dimidiatim flavis et nigro-fuscis, apice albo-punctato, posticis nigrofuscis, albo-guttatis.
Exp. alarum 48—54 mm.
Hab. Java.

Tête garnie de poils gris et noirs; yeux d'un brun pourpre. Palpes labiaux noirs en dessus, gris en dessous, hérissés de poils mélangés des deux couleurs. Dos du thorax couvert de poils soyeux d'un gris brunâtre, abdomen d'écailles de même couleur, blanchâtres sur les côtés. Poitrine et pattes brunes.

Mâle. Dessus des ailes supérieures blanc, des inférieures d'un blanc bleuâtre. Côte des premières noirâtre; une bordure noire, assez étroite sur les secondes, s'élargit sur les premières de manière à former sur leur sommet un triangle qui touche à la cellule discoïdale. Tout près de cette cellule le noir est saupoudré de blanc; dans la bordure se voit une rangée de gros points blancs, de 5 aux supérieures dont la quatrième plus petite et de 3 à 5 aux inférieures. Dessous des premières ailes d'un jaune jonquille à bordure d'un brun terreux, faisant triangle et marquée de 8 taches et points blancs, posés en deux rangées; les inférieures du même brun avec une rangée médiane de 8 points blancs et une autre sousmarginale de six gouttes jaunes. Base de la côte d'un jaune de chrome.

La *femelle* diffère en dessus en ce que la couleur blanche des premières ailes est un peu jaunâtre, et le noir de la bande, laquelle est deux fois plus large, brunâtre, tandis que le disque des inférieures est saupoudré de gris. En dessous tout ce qui est jaune chez le mâle, est orangé chez la femelle.

J'ai peine à croire que cette espèce soit de Java; cependant les étiquettes des individus du Muséum l'affirment. Probablement elle sera propre aux contrées méridionales, encore peu explorées par rapport à l'entomologie.

41) P. SULPHUREA, Voll. (Pl. 4. fig. 4).

P. alis sulphureis, margine nigro, anticarum basi nigrescente, posticis subtus flavis, immaculatis.

Exp. alarum 54 mm.

Hab. Insulae Moluccae.

Espèce qui ne se groupe pas bien avec les autres espèces et ressemble un peu à la *Hedyle* Cramer, dont la patrie est la côte de Guinée. Ailes premières à quatre nervures supérieures.

Tête jaune à poils mélangés de jaune verdâtre et de gris. Antennes noires piquées de blanc, à sommet de la massue jaune. Palpes jaunes, hérissés de poils noirs et jaunes; troisième article très-long, jaune, rayé de noir. Prothorax et épaulettes vêtus de poils d'un jaune verdâtre; poils soyeux du métathorax gris. Abdomen brun à écailles jaunes clairsemées. Poitrine jaune. Pattes jaunes, rayées de brun supérieurement.

Ailes d'un beau jaune de soufre ou citron (la première couleur étant peut-être celle des individus décolorés par le vol). Base des premières assez largement saupoudrée de noirâtre. Une large bordure, commençant au second tiers de la côte, s'élargissant près du sommet, ensuite se rétrécissant et un peu dentelée intérieurement aux secondes ailes, finit à l'angle anal.

En dessous le disque des supérieures est du même jaune, tandis que leur base, leur sommet et la surface entière des inférieures est d'un jaune plus ochracé. Une bande étroite, arquée en parabole, sépare le disque des supérieures du sommet.

Le Muséum possède trois individus, que je crois être des femelles. Ils proviennent du voyage de M. le professeur Reinwardt aux Moluques.

42) P. POLISMA, Hew.

Hewitson, *Exot. Butt.* Part 40. *Pieris* VI, fig. 38.

P. alis albis, anticarum supra triangulo apicali nigro, dentato, subtus basi omnium flavescente, fascia anticarum subapicali obliqua dentata nigra.

Exp. alarum 56 mm.

Hab. Celebes.

Espèce connue seulement depuis quelques années et dont la femelle reste à découvrir. Tête, thorax, antennes, yeux et palpes comme la précédente; seulement le troisième article de ces derniers est moins long. Cuisses jaunes rayées de brun, jambes et tarses blancs, rayés de même. Abdomen brun, couvert d'écailles blanches et brunâtres; valves des parties génitales ornées de longs poils d'un gris de souris.

Ailes blanches de part et d'autre. Base et côte des supérieures saupoudrées de noirâtre; un large triangle apical noir couvre le dernier tiers de ces ailes; il est dentelé, surtout inférieurement, et porte souvent un ou deux traits d'un brun blanchâtre, peu distincts. En dessous la base des quatre ailes d'un jaune pâle; une bande sous-apicale oblique, dentelée de part et d'autre aux supérieures, de couleur brune, sombre; sommet saupoudré de cette dernière couleur. Frange brune aux premières ailes.

M. Rosenberg nous envoya plusieurs mâles de Poé, Gorontalo et autres endroits de l'île de Célébes. Il me semble que cette Piéride appartient au groupe de *Brassicae.*

43) P. PAULINA, Cram.

Cram., *Pap. Exot.* Pl. 110, fig. E. F. Fabr., *Ent. Syst.* III. I. p. 189, n°. 583. Godart, *Enc. Méth.* IX. p. 142, n°. 86 et p. 132, n°. 42 (*Melania*). Hübn., *Zütr.* 651, 652 (*Pandione*) et (♀) 771, 772 (*Leis*). Boisd., *Spéc. Gén.* I. p. 536, n°. 144 (*Ega*), p. 537, n°. 145 (*Pandione*), p. 537, n°. 146 (*Melania*), p. 538, n°. 147 (*Paulina*). Lucas, *Revue et Mag. de Zool.* 2ᵉ Sér. Tom. V. p. 334 (*Philonome*).

P. alis supra albis, subtus anticarum apice et posticis s. albis, s. flavis, s. fuscis; supra omnibus nigromarginatis, margine feminae largiori, subtus anticarum fascia incurva et sinuata nigra.
Exp. alarum 46—62.
Hab. Java, Morotai, Halmaheira.
Espèce très-variable ou confusion d'espèces dont la distinction nous échappe encore. Il n'y a que l'éducation des chenilles qui puisse arrêter notre jugement sur cette matière d'une manière positive et stable. Après avoir murement comparé les individus entre eux ainsi qu'avec les descriptions et les figures, je m'arrête à voir dans les *Pandione, Paulina, Ega, Melania, Philonome, Amasene et Neombo* deux espèces et non pas sept. Les transitions ne font point défaut. Il se pourrait même que les sept noms n'eussent rapport qu'à une seule et même espèce dont la diagnose devient alors de plus en plus difficile.

Tête, palpes, poitrine et cou d'un gris de souris, entremêlé aux palpes de poils noirs. Leur dernier article noir en dessus. Antennes noires, piquées de blanc. Yeux grands, d'un brun clair aux individus à ailes plus blanches, d'un brun pourpre chez les autres. Poils soyeux du métathorax toujours d'un blanc grisâtre. Abdomen cendré ou brun en dessus, blanc inférieurement chez le mâle. Pattes blanches rayées de noir.

Mâle. Ailes blanches en dessus. Base des premières légèrement cendrée; leur côte noire ainsi qu'une bordure, fortement sinuée intérieurement et marquée de deux taches apicales blanches; une troisième tache se voit près de la seconde nervure inférieure non loin du bord. Bordure des ailes inférieures très-dentelée, souvent ne consistant qu'en quatre taches triangulaires ou représentée par des traits noirâtres sur les nervures. Ceci est la vraie *Pandione* de Hübner et de Boisduval.

Var. La bordure noire est plus large et accompagnée d'une large tache à l'extrémité de la cellule discoïdale, de manière qu'une tache oblique, ovale, blanche, ne touche au disque que par un petit canal, plus ou moins large. La bordure des inférieures est toujours assez large et soutenue. — La *Philonome* de Lucas est la *Pandione* femelle de Boisduval. Notez que *Philonome* est un mâle, et que tous les *Pandione* du Muséum, n'importe qu'ils aient le dessin des mâles ou des femelles, sont de vrais mâles.

Dessous des premières ailes blanc à côte obscure; une bande noire, sinuée en forme de 3, plus ou moins large, offrant souvent dans sa plus grande largeur un point blanc. Sommet d'un gris de perle sale, ou d'un gris plus ou moins lilas. Ailes inférieures d'un blanc sale, ou d'un blanc jaunâtre, avec ou sans marbrures brunes. Souvent-elles sont assez obscures et offrent trois raies ondées, très-sinueuses, d'atomes bruns; le bord abdominal souvent jaunâtre, ainsi qu'un point sur la nervure disco-cellulaire.

Var. Le dessin de la bordure de *Philonome* se repête en dessous.

Femelle. En dessus la base des supérieures, ou bien des quatre ailes est largement saupoudrée d'atomes noirâtres; le sommet des premières ailes offre une rangée de quatre à cinq taches blanches; la bordure est beaucoup plus large que chez le mâle. Dessous des antérieures à large base jaunâtre ou verdâtre, à bande en 3 comme chez le mâle, suivi d'une bande étroite et nébuleuse blanche. Sommet d'un gris de perle, ou lilas, ou bien jaunâtre. Dessous des secondes blanc, ou blanc liséré de jaune, ou d'un jaune d'ocre; une bande maculaire, ou sinuée, se montre entre la cellule discoïdale et le bord extérieur; souvent la bordure du dessus se reflête sur la page inférieure en une couleur d'un gris lilas.

Notez que les individus dont les couleurs sont les plus sombres, sont de vrais *Melania* pour Godart.

On trouve cette espèce à Java, Halmaheira et Morotai. N'habiterait-elle point aussi les îles interjacentes?

44) P. IDA, Lucas.

Lucas, *Revue et Mag. de Zoologie* 2ᵉ Sér. Tom. IV, 1852, p. 335.

Il me semble qu'ici vient se placer la *Pieris Ida* Luc. qui m'est resteé inconnue en nature et qui pourrait bien être encore une autre variété de la *Paulina*. Voici la description qu'en donne M. Lucas.

» Enverg. 66 à 68 millim. — *Mâle.* Elle ressemble un peu à la *P. Melania.* Les ailes sont blanches; les supérieures, sensiblement dentelées au-dessous du sommet, ont la côte d'un jaune verdâtre, et à l'extrémité une bordure noire moins large et beaucoup plus fortement sinuée intérieurement que dans la *P. Melania.* Elle est aussi moins dilatée au sommet, où elle présente une tache blanche, oblongue, accompagnée supérieurement et inférieurement de quelques atomes blanchâtres; on remarque aussi, en arrière de la saillie que forme la bordure noire à son côté interne, une tache blanche à côté extérieur arrondi; enfin, la cellule

discoïdale offre à son sommet un point noir arrondi, plus ou moins grand. Les ailes inférieures sont marginées d'atomes noirâtres qui forment antérieurement une bande étroite de cette couleur, avec l'éxtrémité de chaque nervure présentant un point noir, petit, mais bien distinct. Le dessous des premières ailes ressemble au dessus, si ce n'est cependant que la bordure noire est beaucoup plus étroite, que le sommet est d'un brun jaunâtre et que la naissance de la côte est d'un jaune verdâtre; quant au point que présente la cellule discoïdale, il est beaucoup plus finement accusé qu'en dessus. Les ailes inférieures sont d'un blanc jaunâtre, saupoudré d'atomes noirâtres formant des bandes irrégulières peu marquées, avec les nervures jaunes et l'extrémité de celles-ci présentant, comme en dessus, un point noir nettement accusé; l'arc intérieur de la cellule discoïdale présente un point noir, avec la frange des ailes jaunâtre. Les palpes sont revêtus de poils jaunes, parmi lesquels on en aperçoit d'autres qui sont noirs. La tête est d'un brun roussâtre. Les antennes sont noires, finement annelées de blanc. Le thorax est noir, couvert de poils blancs. L'abdomen est noir, revêtu de poils d'un blanc verdâtre, avec toute sa partie inférieure blanche.

Nous ne connaissons pas la femelle de cette espèce, qui a pour patrie l'île de Java. »

45) P. AMASENE, Cram. Var.

Cram., *Pap. exot.* Pl. 44, fig. A. Boisd., *Spéc Gén.* I. p. 535, n°. 143.

P. alis albis, anticarum apice et margine exteriore dentato-nigris, 4 s. 5 macularum albarum fascia divisis, costa apud feminam nigra, posticarum fascia marginali macularum nigrarum; alis posticis subtus flavido albis immaculatis.

Exp. alarum 44—60 mm.

Hab. Java, Sumatra, Obi et Morotai.

Le Muséum possède quelques exemplaires d'une espèce que je trouve conformes à la description citée de Boisduval, mais dans lesquels je ne retrouve pas le type de la figure de Cramer, et encore moins la figure de Herbst, *Schmetterl.* tab. 91, fig. 3 et 4. Cramer dit que ses exemplaires provenaient de la Chine; il se peut que les nôtres ne soient qu'une variété locale de la même espèce, ce qui ne saurait se décider que par l'inspection et la comparaison d'une suite d'exemplaires des deux contrées. Voici la description de ceux des Indes Neerlandaises.

Tête et corps avec leurs membres chez les deux sexes exactement semblables à la description de la *Paulina*.

Dessus des ailes blanc; base et côte saupoudrées d'atomes d'un gris clair chez le mâle, noirs chez la femelle. Bordure sinuée noire, élargie au sommet, un peu moins large chez la femelle que chez celle de Pauline, mais offrant la même forme et divisée par une bande arquée de 4 à 5 taches blanches; chez le mâle ce dessin est oblitéré du côté de la côte. Ailes inférieures avec une rangée marginale de taches triangulaires noirâtres, dont les postérieures disparaissent quelquefois chez le mâle. Base et frange des secondes ailes souvent jaunâtres chez la femelle.

Dessous des supérieures blanc avec le sommet d'un jaune d'ocre très-pale dans le mâle, d'un gris de perle à liséré jaune chez la femelle; base de ces ailes assez largement jaune chez la dernière. Une tache ronde noire entre la 1° et la 2° nervure inférieures émettant en-haut et en-bas deux raies courbes noirâtres, dont la dernière est peu visible chez le mâle. Dessous des supérieures d'un jaune d'ocre pâle chez ce dernier, d'un blanc satiné chez la femelle, sans dessin ni taches.

Il paraît que cette espèce s'étend sur un habitat d'un rayon assez vaste, le Muséum possédant des exemplaires de Java, de Sumatra, et des îles beaucoup plus orientales d'Obi et de Morotai.

46) P. ATHAMA, Luc.

Lucas, *Revue et Mag. de Zoolog.* 2° Sér. Tom. IV. p. 336.

Je crois trouver ici la place que doit occuper cette espèce que je ne connais point en nature, et que M. Lucas décrit de la manière suivante:

" Enverg. 56 millim. — *Femelle.* Elle ressemble beaucoup à la *P. Neombo.* Le dessus des ailes est d'un blanc jaunâtre; les supérieures ayant la côte légèrement saupoudrée d'atomes brunâtres, et offrant à leur extrémité une bordure d'un brun foncé plus large que dans la *P. Neombo,* moins sinuée intérieurement, et divisée par troits taches bien distinctes de la couleur du fond. Ailes inférieures présentant une bordure noirâtre beaucoup plus large que dans la *P. Neombo,* et dentée seulement à son côté extérieur. Le dessous des premières ailes est d'un jaune soufre à la base, avec le sommet brunâtre, la bordure brune du dessus beaucoup plus étroite, et les trois taches blanches un peu plus grandes qu'en dessus. Le dessous des inférieures est d'un blanc jaunâtre, avec tout le bord antérieur jaune, l'angle anal teinté de cette couleur, et la bande brune du dessus plus large en dessous, et d'un gris perle; les dentelures que présente cette bande sont très-obscurément indiquées. Les palpes sont revêtus de poils blancs. La tête est noire, couverte de poils blancs. Le thorax est de même couleur que la tête, avec les poils dont il est revêtu d'un blanc verdâtre. Les antennes et l'abdomen manquaient.

Cette espèce, dont nous ne connaissons pas le *mâle*, habite Balaou (Nouvelle-Guinée), où elle a été découverte par M. Jacquinot. "

47) P. NEOMBO, Boisd.

Boisd., *Spéc. Gén.* I. p. 539, n°. 148. Moore, *Cat. East-Ind. Comp.* I. Pl. 2 *a*, fig. 3.

P. alis sulfureis, supra anticarum costa, margine et fascia incurvata macularum cohaerentium nigris, posticis margine maculari nigro, subtus immaculatis.
Exp. alarum 54.
Hab. Halmaheira merid.

Corps et tête noirs, revêtus de poils mélangés de jaune, de gris et de noir supérieurement, uniformément jaunes sur la face inférieure. Antennes noires, piquées de petits
traits blancs, à sommet de la massue brune. Yeux bruns. Palpes jaunes, poils du
second article mélangés de noirs, troisième rayé de noir. Abdomen brun, blanchâtre
en dessous. Pattes blanches à raies noires.

Ailes d'un beau jaune de soufre en dessus. Base de la côte saupoudrée de noirâtre;
côte, à parter du second tiers, noire, ainsi qu'une bordure dentée à laquelle s'attachent
par des traits trois taches dont la dernière ronde, posées en demi-cercle. Bordure des
secondes ailes de cinq à six taches noires triangulaires, plus ou moins cohérentes. En
dessous les premières ailes sont d'un jaune citron à base jaune de chrome et sommet
d'un gris de perle rosé, bordé d'un liséré jaune. Les troits taches du dessus sont
distinctes et noires, la troisième est même plus grande, et d'elle part un trait noir qui
va longeant le bord jusqu'à l'angle interne; les inférieures sont d'un gris de perle rosé
à liséré jaune.

Je ne connais de vue que la femelle, mais je présume que le mâle a la même
teinte jaune et que les exemplaires que Boisduval décrit au commencement du n°. 48
ne sont qu'une variété de l'*Amisene*, de sorte que la vraie description de cet auteur
commencerait par les mots *« nous possédons un individu sans abdomen »*. M. Moore
nous apprend qu'il conserve les deux sexes dans le Musée de la compagnie des Indes,
sans cependant nous déclarer s'ils diffèrent entre eux.

L'individu du Muséum, une femelle, provient de la côte méridionale de la grande
île Halmahéra, qui porte dans ces districts le nom de Gilolo.

48) P. ZOE Voll. (Pl. 4. fig. 5.)

*P. alis supra albis, anticarum maculis quadratis duabus et sagittatis septem nigris,
his apicalibus; subtus basi et apice anticarum, nec non posticis totis sulfureis.*

Exp. alarum 58 mm.

Hab. Batjan.

Espèce qui lie l'*Ega* de Boisduval à sa *Neombo*, et qui a les plus grands rapports
avec la première. L'inspection d'un certain nombre d'exemplaires pourrait seul décider
la question si *Zoe* doit en être considéré une simple variété.

Tête et corps, antennes, yeux et palpes comme ceux d'*Amasene;* seulement les
poils du dos sont plus verdâtres, ceux de la poitrine plus jaunâtres. Abdomen couvert
d'écailles d'un gris pale et orné de deux touffes de longs poils bruns à la base des
valvules anales. Pattes jaunes; jambes et tarses rayés de brun.

Ailes d'un blanc de crême en dessus; base des supérieures bleuâtre, ce qui s'étend
un peu le long de la côte; celle-ci liséré de noir, ainsi qu'une partie du bord extérieur,
contre lequel s'appuyent sept taches coniques noires, dont la dernière est très-petite et
faible. En outre deux taches noires quadrangulaires sont placées l'une au dessus de
l'autre entre la cellule discoïdale et le bord. Inférieures sans aucun dessin. Dessous des
premières blanc à base jaunâtre et sommet d'un jaune de soufre, précédé des deux taches
noires du dessus. Dessous des inférieures d'un jaune soufre, sans le moindre trait d'orangé.

M. Bernstein, l'explorateur naturaliste, nous envoya un mâle de Batjan.

49) P. HAGAR, Voll. (Pl. 4. fig. 6.)

P. alis supra albis, anticarum costa et margine nigris, hoc albomaculato, posticis tenuiter nigromarginatis; posticis subtus nigro-venosis, limbo interiori fulvescenti.

Exp. alarum 68 mm.

Hab. Padang.

Tête et corps noirs, revêtus de poils brunâtres et gris, abdomen couvert d'écailles obscures à ventre blanchâtre. Yeux d'un brun foncé. Palpes noirs à poils cendrés. Poitrine blanchâtre. Pattes blanches à tarses brunâtres.

Ailes blanches, à nervures d'un brun très-clair. Côte des supérieures d'un noir brunâtre, se dilatant au sommet et s'unissant à une bordure noire, fortement sinuée intérieurement, ne touchant point à l'angle interne et marquée de trois taches rondes, blanches, assez grandes. Bord extérieur des secondes ailes à liséré noir, s'étendant en rayons courts sur les nervures. Dessous des premières semblable au dessus, excepté que le noir est moins foncé, plus brunâtre, et les taches blanches moins nettes. Dessous des ailes inférieures à base et partie abdominale d'une jaune fauve; les nervures et le bord extérieur du côté de l'angle anal saupoudrés d'atomes bruns.

L'unique individu que je connais, et qui est un mâle, a été pris aux environs de Padang dans l'île de Sumatra.

50) **P. GABIA**, Boisd.

Boisd., *Faune ent. de l'Océan Pac.* p. 49, n°. 7. *Spéc. Gén.* I. p. 478, n°. 58.

P. alis albis, nigromarginatis in mare angusto margine, in femina nonnihil latiori; posticis subtus fulvis margine nigro, in mare subtiliter albo punctato, in femina flavo-maculato.

Exp. alarum 54—60 mm.

Hab. Nova Guinea.

Espèce dont la femelle n'a pas encore été décrite. Corps, tête, yeux et palpes comme la précedente. Abdomen blanc dans le mâle, brun dans la femelle. Poitrine à poils gris et jaunes. Pattes rayées de blanc et de brun.

Mâle. Dessus des ailes blanc, lavé de jaunâtre aux inférieures. Côte des supérieures noire et l'extrémité bordé d'un triangle allongé noir, non sinué en dedans et ne touchant point, ou seulement par la frange, à l'angle interne. Je n'aperçois point les deux taches blanchâtres, obsolètes, mentionées dans la description de Boisduval. Ailes inférieures à liséré noir sur le bord extérieur et à transparence de la bande du dessous. Dessous des supérieures semblable au dessus, sauf que la couleur du noir est plus brune et que le sommet offre une rangée de 2 à 5 petites taches, dont les antérieures sont jaunes, les autres blanches. Dessous des secondes ailes d'un jaune jonquille, passant à l'orangé vers le bord postérieur, tandis que l'angle externe est blanc. Le long du bord extérieur se voit une bordure brune de largeur médiocre qui fait voir trois traits blanchâtres entre les nervures.

La *femelle* ne diffère en dessus que par ce que la bordure est un peu plus large, et en dessous par ce que la bordure des inférieures porte cinq taches elliptiques jaunes.

Var. Une variété femelle a la bordure dentelée intérieurement et les taches jaunes du sommet allongées.

M. S. Müller rapporta deux mâles et deux femelles de son voyage à la Nouvelle Guinée.

51) P. DICE Voll. (Pl. 4. fig. 7.)

P. alis albis nigromarginatis, in femina margine latiori costaque albopunctata; subtus anticis albis stria costali fusca versus cellulam discoidalem in angulum flexa, posticis flavis margine fusco, albo-maculato.

Exp. alarum 56—64.

Hab. Nova Guinea et Waigeou.

Espèce très-voisine de la précédente, mais un peu plus grande. En dessus le mâle ne diffère qu'en ce que la bordure des supérieures est un peu sinuée intérieurement et celle des inférieures un peu plus large. En dessous la marge noire de la côte, arrivé au dessus des nervures transversales, y fait un angle et s'avance jusqu'au delà du pli cellulaire. Cette bande costale n'est reliée avec le sommet que par un mince filet costal. Les inférieures sont en dessous presqu'entièrement jaunes, sans teinte orangée vers l'angle anal. Leur bordure postérieure est bien plus large que chez la *Gabia* et offre quelques taches jaunâtres. Chez la femelle la bordure du dessus est sinuée intérieurement et beaucoup plus large, jusqu'à envahir l'extrémité de la cellule discoïdale; au deuxième tiers de la côte se voit une tache quarrée ou allongée, oblique, blanche. En dessous le dessin des supérieures reste le même, mais la couleur noire devient brune; la marge des inférieures envahit presque la moitié de l'aile et les nervures sont souvent blanches et dilatées.

C'est encore M. Salomon Müller qui rapporta de la Nouvelle Guinée cette belle espèce. M. Bernstein la retrouva dans l'île de Waigeou ([1]).

52) P. ITHOME, Feld. (Planche 5. fig. 1 ♀.)

Felder, *Lepidopt. Fragm.* in *Wiener Ent. Monatschr.* III. p. 4, n°. 2, Tab. 3, fig. 1.

P. alis fuscis, fascia communi utrinque acuminata, lata aurantiaca in mare, angusta flavida in femina.

Exp. alarum 48—66 mm.

Hab. Celebes.

([1]) Entre *Dice* Voll. et *Ithome* Feld. devraient probablement trouver leurs places les Piérides *Zelmira* Cram. et *Nerissa* F., s'il fût démontré qu'elles eussent Java pour patrie, comme l'indique M. Boisduval. Mais il me semble que cet auteur s'est trompé sur l'habitat de ces deux espèces, propres au Bengale et à la côte de Coromandel. Le Musée de Leide ne possède que la *Zelmira* en exemplaires du Bengale.

Cette espéce, connue depuis peu, est la première d'un groupe assez nombreux d'espèces, ayant le sommet des ailes supérieures plus ou moins pointu dans les mâles et très-arrondi chez la femelle.

Tête noire à poils verdâtres et noirs. Yeux d'un pourpre foncé. Antennes noires piquées de blanc supérieurement, a raie blanche inférieure. Palpes à poils mélangés de blanc jaunâtre et de noir; dernier article rayé de blanc et de noir. Corps noir; poils du cou et des épaulettes verdâtres, ceux du dos noirs, ceux des côtés du metathorax longs, gris et soyeux, ceux de la poitrine jaunes. Abdomen à écailles brunes en dessus, blanchâtres en dessous. Pattes blanches rayées de brun, les cuisses à poils jaunes.

Ailes brunes en dessus; côte des premières pointillée de gris à sa base. Chez le mâle une large bande, commune aux quatre ailes, orangée, acuminée aux deux extrémités, s'étend du pli cellulaire de l'une aile supérieure à celui de l'autre; souvent son extrémité est surmontée d'un trait oblique de la même couleur; lorsque cette bande passe sur la gouttière de l'abdomen, sa couleur se change en un jaune de soufre. Chez la femelle la bande orange est remplacée par une bande très-étroite d'un jaune pâle, divisée en taches par les nervures brunes.

En dessous la couleur brune des ailes est lustrée et soyeuse, et la base des premières ailes est largement saupoudrée d'atomes d'un jaune verdâtre. Chez les deux sexes toute la moitie basale des secondes ailes est d'un jaune serin et sa marge sinuée. Chez le mâle la bande orangée du dessus se fait voir aux supérieures et chez la femelle la même bande, mais raccourcie et blanche.

Cette espèce se trouve aux environs de Poé et Panybie, dans les parties septentrionales de l'île de Célébes. La femelle semble être bien rare ou avoir le talent de se bien cacher. Pour huit mâles, le Muséum ne possède qu'une femelle.

53) P. AFFINIS, Voll. (Pl. 5. fig. 2).

P. alis fuscis, supra fascia communi utrinque evanescenti alba, subtus dimidio basali anticarum albo, costa flava, posticarum flavo. (Femina.)

Exp. alarum 62 mm.

Hab. Celebes septentrionalis.

Si je ne connaissais point la femelle de l'*Ithome*, je n'hésiterais pas à déclarer que c'est l'insecte qui nous occupe dans ce moment et même je suis encore à me demander si l'*Affinis* n'en serait pas une simple variété.

Ce qui s'oppose à cette acception, c'est, que la ligne de démarcation du blanc et du brun au dessous des ailes supérieures est courbée de manière à décrire un cercle autour de la base de l'aile, tandis que la bande du dessous chez l'espèce précédente se tourne obliquement vers le sommet.

Tête, thorax, yeux et pattes comme chez l'*Ithome*. Antennes noires piquées de blanc inférieurement. Premier article des palpes labiaux blanc à poils mélangés de jaune et de noirâtre; second article blanc à trois traits longitudinaux noirs et poils mélangés de noir et de blanc; 3me art. allongé, noir à deux traits blancs inférieurement. Abdomen brun, vêtu d'écailles grises et blanches.

Dessus des ailes comme chez *Ithome* mâle, sauf que le sommet est plus arrondi, que la bande commune aux quatre ailes est blanche et va en s'évanouissant du côté de la côte. Dessous des supérieures blanc à côte jaunâtre, offrant un mince liséré brun, qui s'unit à une large bordure brune. Cette bordure se poursuit sur les inférieures, où elle est sinuée au milieu et un peu moins large que chez l'*Ithome* femelle. La moitié basale offre une couleur jaune de soufre assez pâle.

Un seul individu fut trouvé par M. von Rosenberg, dans un des districts septentrionaux de l'île de Célébes.

54) P. ADA, Cram. (Pl. 5. fig. 3 ♀.)

Cram., *Pap. exot.* IV. pl. 363, fig. C. D. — Godt., *Enc. Méth.* IX. p. 145, n°. 94. Boisd., *Spéc. Gén.* I. p. 479, n°. 60.

P. alis supra albis, in mare anguste nigro-, in femina late fusco-marginatis; subtus anticarum macula apicali flava, posticis dimidiatim flavis et fuscis, maculis duabus aurantiacis.

Exp. alarum 60—68 mm.

Hab. Ceram, Ambon, Nova-Guinea.

Un peu plus grande qu'*Enyo* Latr., avec les ailes supérieures un peu moins pointues au sommet. Corps brun, revêtu de poils grisâtres et blancs. Antennes d'un brun foncé à liséré blanc inférieurement. Yeux d'un brun pourpre. Premier article des palpes à poils blancs, second blanc à raie noire et poils mélangés des deux couleurs, troisième raié de noir et de blanc. Poils des côtés du corps jaunes. Ecailles de l'abdomen blanches. Pattes rayées de blanc et de brun.

Mâle. Dessus des quatre ailes blanc à transparence bleuâtre sur la côte des supérieures et la moitié extérieure des secondes. Côte des premières à liséré noir; une bordure noire, dentée intérieurement, peu large, descend du sommet jusqu'à la 2me nervure inférieure, d'où elle se prolonge un peu plus loin en forme de liséré. Entre cette bordure et la transparence bleue, tout près du sommet de l'aile, se voient une tache ovale et un trait, blancs. La bordure des inférieures est un peu plus large. Dessous des supérieures blanc avec la bordure du dessus s'étendant sur la côte; sa couleur est un brun foncé. La tache ovale et le trait sont d'un jaune serin. Dessous des secondes d'un jaune jonquille avec une très-large bande marginale d'un noir brun, marquée d'une tache orangée vers l'angle externe. En outre le jaune du fond prend insensiblement une teinte orangée vers l'angle anal et chez quelques individus tout le long de la bande brune.

La *femelle* ne diffère pas seulement, comme l'indique M. Boisduval, par la plus grande largeur de la bordure en dessous et de la teinte orangée, mais en vérité elle ne ressemble au mâle que par la couleur de la page inférieure. Dessus des ailes d'un blanc jaunâtre aux premières, verdâtre aux secondes, à large bordure dentée brune, dont la couleur est plus foncée au sommet, où l'on n'aperçoit ni tache ni trait, blancs. Dessous presque égal à celui du mâle; seulement la bordure brune des supérieures est moins

précise et se prolonge plus sur les nervures; la bande marginale des secondes s'avance
de beaucoup plus sur le disque et offre une mince raie jaune le long du bord extérieur.
En outre les ailes sont bien plus larges et leur sommet très-arrondi.

La vraie patrie de cette espèce est l'île de Céram; cependant ou la rencontre
aussi dans Amboine et la Nouvelle Guinée.

Nota. Boisduval décrit une variété mâle qui m'est inconnue en nature. Elle
a la tache apicale du dessous des premières ailes blanche et la teinte orangée du
dessous des inférieures plus étendue.

55) P. HIPPO, Cram. (¹).

Cram., *Pap. exot.* III. Pl. 195. f. B. C. ♀. Boisd., *Spéc. gén.* I. p. 481, n°. 65
Enyo ♂ et 64 *Eleonora* ♂; p. 534, n°. 141 *Hippo* ♀. Godt, *Enc. Méth.* IX. p. 143,
n°. 89.

*P. alis in mare supra albis nigromarginatis, in femina fuscis, plerumque albido-
maculatis, subtus seu aequalibus paginae superiori, seu posticis flavis, fusco-marginatis.*
Exp. alarum. 48—62.
Hab. Sumatra, Java, Timor et Celebes.

Espèce très-voisine de la précédente, mais bien plus petite; la variété de Sylhet
et de Sumatra que Boisduval a décrite sous le nom d'*Eleonora*, ressemble, à s'y
méprendre, à l'*Ada*. Elle en diffère par les points suivants: le sommet des premières
ailes est un peu plus pointu; la bande marginale est fortement dentelée et touche
à l'angle interne; la bordure aux secondes ailes est aussi plus dentelée. En dessous la
tache jaune apicale est plus petite, la bordure des inférieures moins large et ondulée
intérieurement; enfin il n'y a pas de taches orangées aux angles.

L'*Enyo*, autre variété mâle qui semble propre à Java et aux îles plus orientales,
n'est point colorée en jaune inférieurement et offre une bordure souvent si étroite,
qu'elle semble disparaître vers l'angle anal.

L'*Hippo* que nous reconnaissons avec les auteurs Anglais pour la femelle de ces
deux types de mâle, opinion corroborée par le parallèle avec l'espèce précédente, a le
corps et les quatre ailes en dessus d'un brun terne et terreux. Chez les exemplaires
de Java quatre taches longitudinales sur l'aile supérieure et la majeure partie du disque
de l'inférieure sont d'un blanc sale; chez ceux de Célébes on n'aperçoit presque point
de blanc, si ce n'est aux franges qui sont brunes chez les autres. Le dessous de tous
est un blanc grisâtre satiné, à large bordure d'un brun violet peu foncé; on voit en
outre aux supérieures une bande longitudinale de même couleur, passant par la moitié

(¹) Doubleday et Westwood nomment cette espèce *Phryne* Fabr. et citent à l'appui *Entom. Syst.* III.
1. p. 196, n°. 612, où je trouve la description d'une tout autre espèce, propre à l'Amérique. Ce qu'il
y a de plus curieux, c'est que Fabricius cite à son tour *Papilio Evergete* Cram. tab. 251, fig 9. Or la
planche 251 de Cramer ne nous offre aucune figure de Piéride et selon le *Catalogus ad Cramerum* de
M. H. Verloren, il ne se trouve point de *Pieris* dans l'ouvrage de cet auteur, portant le nom d'*Evergete*.

inférieure de la cellule et le long du pli cellulaire et laissant entre elle et la bordure costale trois traits ou taches allongées blanchâtres. Chez un seul individu la base des secondes ailes est jaune.

56) P. ENARETE, Feisth., Boisd.

Espèce qui m'est restée inconnue en nature et que je décris d'après Boisduval (*Spéc. Gén.* I. p. 480, n°. 61).

" Taille et port d'*Enyo*, à laquelle elle ressemble presque complètement en dessus, à l'exception que la côte est plus noirâtre, moins fortement saupoudrée de blanc, et que la bordure des ailes inférieures est précédée d'une teinte d'un blanc un peu bleuâtre, due à la transparence de la large bande marginale du dessous. Dessous des premières ailes comme dans *Enyo*, sinon que les contours sont d'un noir moins brun, et que la tache ovale est jaune. Dessous des inférieures d'un jaune d'ocre vif, avec une large bordure d'un noir brun, un peu dentée en dedans; une raie noirâtre, fourchue, longitudinale, naissant de la base et suivant le trajet de la seconde nervure; la première nervure noire; la partie du fond comprise dans les bifurcations de la raie longitudinale, d'un jaune un peu blanchâtre. Corps d'un-gris blanchâtre en dessus et blanchâtre en dessous.

Moluques. — Coll. de M. Feisthamel. *"*

57) P. JACQUINOTII, Luc.

Lucas, *Magasin de Zoologie*, p. 1852. p.

P. alis supra e flavo albis, costa et apice nigrescentibus; subtus anticarum apice posticisque dilute sulfureis.

Exp. alarum. 60 mm.

Hab. Ceram.

Bien plus grande que *l'Albina* et ayant le sommet des ailes plus obtus. Tête noire à poils d'un gris verdâtre mélangés de noir. Antennes noires piquées de blanc supérieurement. Yeux d'un brun clair. Palpes blancs à dernier article rayé de noir. Col et épaulettes à poils verdâtres; dos du thorax noir à poils gris; abdomen brunâtre; panache anale longue et brune. Poitrine blanche; pattes de même couleur à deux raies brunes.

Dessus des ailes d'un blanc de crême. Base de la côte saupoudrée d'atomes gris; côte elle même à liséré noir, qui se poursuit jusqu'au pli cellulaire. Quelques atomes noirs au sommet. Dessous des premières blanc à sommet jaunâtre et côte brunâtre; dessous des secondes uniformément d'un jaune de soufre pâle.

Variété. Un exemplaire offre aux deux surfaces de chaque aile supérieure deux taches rondes et noirâtres, l'une posée au dessus de l'autre.

Cette espèce a été trouvée par M. Bernelot Moens à Wahaai, dans l'île de Céram. Tous nos exemplaires, de même que la variété, sont des mâles.

Je présume que c'est la *Jacquinotii* que M. Fréd. Moore cite (*Catal. East India Museum*, I. p. 71), comme provenant de Java et de Bornéo, et, qui plus est, je la crois identique avec la *Rouxii* Boisd. dont elle ne diffère essentiellement que par sa taille et sa couleur plus ou moins jaunâtre.

58) P. ALBINA, Boisd.

Boisd., *Spéc. Gén.* I. p. 480, n°. 62.

P. alis supra et infra albis, costa et apice angustissime nigro marginatis.
Exp. alarum. 50—60 mm.
Hab. Obi, Batjan, Halmaheira, Tidore, Morotai et Celebes.
Tête, palpes, corps et pattes comme chez la *Jacquinotii*. Yeux d'un brun plus foncé et vinâtre. Antennes piquées de blanc en dessous comme en dessus.
Sommet des ailes supérieures pointu. Dessus des ailes d'un blanc pur, nacré à la base des premières, qui ont à la côte un liseré noir lequel se prolonge en de-çà du sommet jusqu'à la moitié du bord extérieur. Dessous des inférieures et sommet des supérieures en dessous lavé d'une legère teinte ochracée.
Variété. Cette teinte presque jaune chez un individu de Morotai.
Cette espèce propre aux îles situées à l'Orient de l'Archipel Indien, semble y être assez commune. Néanmoins le Muséum ne possède que des mâles. Boisduval lui donne Amboine pour patrie; entre les nombreux envois de Lépidoptères faits de cette île je n'ai jamais rencontré notre Piéride.

59) P. PANDA, Godt.

Godt., *Enc. Méth.* IX. p. 147, n°. 102. Boisd., *Spéc. Gen.* I. p. 485.

P. alis supra sulphureis, anticis costa et margine externo nigris, alis subtus lucide ochraceo-flavis.
Exp. alarum 49—60 mm.
Hab. Java.
Taille et port de la précédente. Tête, col et poitrine revêtus de poils jaunes. Premier article des palpes jaune, second et dernier à raies noires. Yeux, antennes et pattes comme chez l'*Albina*.
Dessus des ailes d'un jaune soufre; côte des supérieures à base pointillée de gris, ensuite noire, comme le sommet, et en outre une bordure étroite le long du bord extérieur. Dessous des quatre ailes d'un jaune-d'ocre assez foncé. Côte à liséré noirâtre.
La femelle a les ailes supérieures arrondies et aux quatre ailes une bordure noire, étroite. En dessous les ailes inférieures sont semblables à celles du mâle; les supérieures sont d'un jaune de soufre, avec une bande noire arquée et le sommet d'un blanc jaunâtre.
Cette espèce, assez rare, semble exclusivement propre à l'île de Java.

60) P. LIBERIA, Cram. (Pl. 5. fig. 4 ♀).

Cram., *Pap. Exot.* III. Pl. 210. G. H. Fabr., *Ent. Syst.* III. 1. p. 42, n°. 126 (*Liberius*). Godt, *Enc. Méth.* IX. p. 814, n°. 103—104. Boisd., *Spéc. Gén.* I. p. 484, n°. 69. Hewits., *Exot. Butt.* Part 38, *Pieris* IV, fig. 27, 28 (*Eliada*).

P. alis supra plumbeis, in mare margine externo anticarum nigro, in femina omnium basi et margine fuscis; subtus anticis virescentibus, posticis ochraceis.

Exp. alarum 46—54 mm.

Hab. Ceram, Batjan et Obi (an Amboina?)

Espèce dont la femelle n'a pas encore été decrite et qui a frappé Cramer par la différence des couleurs aux pages supérieure et inférieure. Tête et dos du prothorax herissé de poils verdâtres et noirs, de même que les palpes dont le dernier article est rayé de jaune et de noir. Antennes noires piquées de blanc des deux côtés, avec une assez large tache blanche au dessous de la massue. Poitrine jaune. Dos du meso- et metathorax revêtu de poils bleus; dos de l'abdomen a écailles bleuâtres, ventre blanc; des faisceaux de poils bruns au dernier segment de l'abdomen du mâle. Cuisses jaunes; jambes et tarses blanches, rayées de brun.

Mâle. Dessus des ailes d'un bleu grisâtre plombé. Un liséré noir à la côte près du sommet et une étroite bordure noire, dentée, au bord extérieur. Un mince filet noir au bord extérieur des secondes, s'élargissant un peu à l'extrémité des nervures. Dessous des supérieures d'un jaune verdâtre ou d'un vert jaunâtre, mais jamais de la couleur verte que nous offre la figure de Cramer. La partie entourant la sous-médiane d'un gris lilas, se fondant dans la couleur du fond. Un liséré noirâtre au sommet et le long du bord extérieur. Dessous des secondes d'un jaune ochracé plus ou moins vif à frange noire.

Femelle. Celle-ci diffère du mâle par des ailes supérieures arrondies, brunes à disque couleur de plomb. Les inférieures un peu plus sombres que celles du mâle, à bordure noire rayonnant vers le disque. En dessous elles sont égales à celles du mâle, excepté que le sommet des premières est plus jaune et qu'un filet très-noir borde les quatre ailes.

Cramer dit que cette espèce est propre à l'île d'Amboine; je crois qu'il s'est trompé. Le Muséum ne reçut la *Liberia* que de Céram, de Batjan et des îles Obi.

61) P. CLEMENTINA, Feld.

Feld., *Lepidopterorum Amboinensium species novae diagnosibus collustratae* in *Sitsungsber. d. K. Akad. der Wissensch.* Bd. XL, n°. 11. p. 448.

Ne connaissant pas cette espèce, je transcris la diagnose de M. le docteur Felder: « Alis supra glaucis, basi fusco adspersis, anticarum venis apud extima fortiter nigro-atomatis, subtus anticis albido cinereis, apice late brunnescente, posticis omnino brunnescentibus, immaculatis ♂.

Affinis *P. Celestinae* Boisd., sed nostrum specimen plus quam tertia parte minus et alarum posticarum pagina inferiore bene distinctum. *"*

Hab. Amboina.

62) P. CELESTINA, Boisd.

Boisd., *Entom. du voyage de l'Astrol.* p. 46, n°. 1. *Spéc. Génér.* I. p. 484, n°. 70. Hewits., *Exot. Butterfl.* Part. 38, *Pieris* IV, n°. 29, 30.

P. alis supra coeruleo-pruinosis, in mare anticis nigro-marginatis, in femina omnibus nigro-marginatis et anticis nigro-maculatis; subtus omnibus cinereo-margaritaceis, costa posticarum crocea.

Exp. alarum 66 mm.

Hab. Nova Guinea et Waigeou.

Port de *Liberia*, mais taille plus grande et sommet des ailes moins pointu. Tête noire à poils gris sur le front et la nuque, blancs au dessous des yeux; ceux-ci d'un brun très-foncé. Antennes noires à strie blanche inférieurement. Premier article des palpes blanc, à poils blancs entre-mêlés de noirs; second rayé de blanc et de noir à poils noirs vers l'extrémité; troisième article noir à deux raies blanches en dessous. Dos du thorax d'un bleu cendré; abdomen d'un gris cendré à raie dorsale brune; panache de poils bruns au dernier segment du mâle. Poitrine d'un blanc jaunâtre. Pattes rayées de blanc et de noir.

Dessus des ailes d'un bleu-cendré à nervures pâles et bord abdominal grisâtre. Le long du bord extérieur s'étend une légère bordure noire dentée, un peu élargie au sommet, disparaissant vers l'angle interne des secondes ailes, accompagnée parfois sur les supérieures d'une tache, posée sur le pli cellulaire. Dessous d'un gris de perle blanchâtre, avec la bordure presque éteinte et précédée en dedans d'une raie de même couleur; base des supérieures un peu verdâtre et origine de la côte des supérieures jaune.

La femelle diffère en ayant les ailes plus arrondies avec la bordure noire plus large, précédée sur les supérieures d'un bande sinuée de la même couleur.

M. le docteur Müller trouva cette espèce dans la Nouvelle Guinée, comme les naturalistes de l'expédition de l'Astrolabe; M. Bernstein nous envoya deux superbes exemplaires mâles de l'île Waigeou.

63) P. PLACIDIA, Stoll. (Pl. 5. fig. 5 ♀.)

Stoll., *Suppl. à Cramer*, Pl. 28. fig. 4 et 4ᶜ. Godt., *Enc. Méth.* IX. p. 814, n°. 102—103. Boisd., *Spéc. Gén.* I. p. 483, n°. 68.

P. alis supra fuscis, subtus glaucis, fimbria flava; feminae supra subtusque maculis dilutioribus.

Exp. alarum 62—70 mm.

Hab. Ceram, Ternate, Halmaheira, Batjan et Morotai.

Ailes supérieures très-pointues chez le mâle, arrondies chez la femelle. Corps brun en dessus, d'un blanc grisâtre en dessous. Poils du vertex, de la nuque et des épaulettes verdâtres. Yeux d'un brun très-foncé. Antennes noires à traits blancs inférieurement. Second et troisième article des palpes blancs, rayés de noir. Pattes blanches, rayées de brun.

Mâle. Dessus des ailes d'un brun chocolat sombre, avec une tache noirâtre, peu visible, en demi-cercle, aux inférieures, partant du bord abdominal et aboutissant dans la cellule discoïdale. Frange jaune, surtout distincte aux inférieures. Dessous des ailes d'une couleur brune cendrée, difficile à décrire, mêlée de bleuâtre.

Femelle. Diffère du mâle en dessus par trois à quatre tâches de couleur plus claire que le fond, ou plutôt semblant moisies, et en dessous par la couleur verdâtre de la base et par une bande maculaire, sinuée d'un blanc jaunâtre, commune aux quatre ailes.

Je dois supposer que Stoll a été trompé par une indication fausse, quand il dit que la *Placidia* se rencontre à Amboine. Les exemplaires du Muséum proviennent des îles de Céram, Ternate, Gilolo, Batjan et Morotai.

64) P. NERO, Fabr.

Fabr., *Ent. Syst.* III. 1, p. 153, n°. 471. Donovan, *Ins. of India*, Pl. 32. f. 1 (*figure mauvaise.*) Godt., *Enc. Méth.* IX. p. 147, n°. 101 (*P. Thyria*). Guérin, *Règne an. de Cuv.* Ins. Pl. 77, n°. 1. Horsf., *Zool. Journ.* IV. p. 69. t. 4. f. 2.

P. alis supra sanguineis fusco venosis, in femina fusco-marginatis et fasciatis.
Exp. alarum 62—70.
Hab. Java, Sumatra, Borneo.

Corps brunâtre en dessus, jaune en dessous. Poils du cou et des épaulettes verdâtres. Antennes noires, piquées de blanc des deux côtés. Second article des palpes à quelques poils noirs, troisième jaune, rayé de noir. Panaches de l'abdomen du mâle composés de longs poils bruns. Pattes jaunes rayées de brun.

Dessus des ailes d'un rouge sanguin, quelquefois empourpré, d'autrefois tirant vers l'orangé; on trouve même des individus d'un rouge capucine éclatant. Je ne crois pas que ces différences en coloration soient dues à la localité de naissance. Nervures des supérieures, leur sommet, souvent aussi leur bord extérieur et quelquefois celui des secondes ailes bruns ou noirâtres.

Dessous des quatre ailes d'un orangé terne, plus jaunâtre sur les inférieures et souvent aussi au sommet des supérieures dont la côte est jaune. On aperçoit l'ombre d'une bande obscure traversant le disque des secondes ailes.

Femelle. Sommet des ailes obtus; dessus des ailes d'un rouge foncé, passant au gris brunâtre le long du bord abdominal. Une bordure d'un noir brunâtre, de largeur moyenne, s'élargissant près du sommet où elle est traversée par une bande oblique rouge, divisée par les nervures en quatre taches, et précédée entre la 2ᵉ et 3ᵉ nervures inférieures d'une lunule de même couleur que la bordure. Aux inférieures cette bordure s'étend en rayonnant sur les extrémités des nervures. Dessous des supérieures rouge avec les nervures et le sommet d'un gris jaunâtre; bordure d'un brun clair, une bande sinuée et oblique noirâtre entre la cellule discoïdale et le sommet; la lunule du dessus de même couleur; dessous des inférieures d'un cendré rougeâtre avec une bande transverse, sinuée des deux cotés, ne touchant point les bords, et de couleur brunâtre.

L'espèce ne semble pas rare à Sumatra et à Java, et se retrouve à Borneo.

65) P. ZARINDA, Boisd.

Boisd., *Spéc. Gén.* I. p. 486, n°. 73, Pl. 2 c. fig. 4.

P. alis acuminatis, supra cinerascenti-sanguineis, subtus dilutioribus.
Exp. alarum 67—80 mm.
Hab. Java et Celebes.

Plus grande que la précédente et très-distincte par le sommet pointu des premières ailes et par ses nervures concolores. La couleur de la page supérieure est un rouge sanguin, terne comme si l'aile serait couverte de poussière; frange des ailes grises, poils des inférieures à l'entour de l'abdomen gris et soyeux. Couleur rouge du dessous des ailes plus pâle et plus jaunâtre, avec la côte, la base et le bord abdominal tirant encore plus sur le jaune. L'ombre d'une bande obscure sur les quatre ailes.

Nous ne connaissans point la femelle, quoique nous ayons reçu des mâles à foison.

M. Boisduval affirme (si je ne me trompe, c'est sur la foi de M. Payen) que cette espèce n'est pas rare dans l'île de Java. Il est vrai que le Muséum de Leide possède des individus étiquetés de Java, mais comme ces exemplaires datent du temps où l'on n'était pas rigoureux sur l'énoncement de l'habitat, leurs étiquettes ne prouvent pas grand chose. Ce qu'il y a de certain c'est que durant les dix dernières années le Muséum n'en reçut d'autres que de l'île de Célébes, où du moins les mâles ne semblent pas être rares.

66) P. DURIS, Hew.

Hewitson, *Exot. Butt.* Part 38, *Pieris* V, n°. 34.

Ne connaissant point en nature cette espèce, ni la suivante, je ne saurais leur assigner la place qui leur convient dans le rang de leurs compagnes et je me vois obligé de traduire le texte de M. Hewitson.

Dessus. Le mâle est blanc. Les premières ailes à côte et bord extérieur offrant une étroite bordure noire, un peu élargie au sommet. Ailes inférieures à liséré noir le long du bord extérieur. — Dessous noir; base des supérieures ainsi qu'une bande près du sommet (divisée en cinq taches par les nervures) d'un jaune, saupoudré de noir. Aux inférieures le disque est d'un brun rouge; une tache ovale écarlate se voit près de la base et une bande en zigzag, couleur de brique, court parallèlement au bord extérieur.

Exp. 3 pouces angl. Hab. Céram.

67) P. ECHIDNA, Hew.

Hewits., *Exot. Butt.* Part 38. *Pieris* V, n°. 35, 36.

Dessus du mâle blanc. Côte des ailes supérieures et leur bord extérieur noir, le dernier denté intérieurement vers le sommet. Ailes inférieures à bordure noire, précédée intérieurement d'une bande grise.

Dessous des premières ailes à moitié basale grise et la cellule discoïdale lavée de jaune; l'autre moitié noire, à une tache blanche près de la côte passé le milieu, et une bande d'un beau jaune près du sommet, divisée en cinq taches par les nervures noires.

Dessous des secondes d'un jaune verdâtre à large bordure noire, traversée par une bande en zigzag d'un beau jaune, divisée elle-même en sept taches par les nervures.

Exp. $2\frac{8}{10}$ pouces angl. Hab. Céram.

GENRE III. **THESTIAS**, Boisd.

Tête assez large, vêtue de poils et d'écailles. Yeux ronds, nus, assez gros. Palpes labiaux ascendants, mais peu prominents; leur premier article assez long, très-arqué, tronqué à son extrémité, densément revêtu de poils; second article un tiers de la longueur du premier; le dernier ovale et très-petit n'ayant qu'un quart de la longueur du précedent. Antennes de longueur moyenne, terminées en une massue obconique, comprimée, de moyenne grandeur.

Thorax assez robuste, revêtu de poils comme celui des *Pieris*. Ailes antérieures triangulaires à sommet obtus et côte arrondie; quatre nervures supérieures, la seconde à deux rameaux, la quatrième naissant un peu au delà du milieu de la cellule discoïdale. Ailes inférieures arrondies, à bord ondulé; leur cellule discoïdale large, le canal abdominal très-distinct.

Abdomen beaucoup plus court que les ailes inférieures, comprimé latéralement. Pattes grêles à pelotes aussi longues que les ongles.

1) TH. LUDEKINGII, Voll. (Pl. 5, f. 6.)

Voll., in *Tydschr. v. Entom.*, Vol. III, p. 125.

Th. alis supra albis nigromarginatis, anticis fascia obliqua flava nigrovenosa, subtus omnibus sulfureis.

Exp. alarum 58 mm.

Hab. Sumatra interior.

Tête et corps noirs; front, col et épaulettes revêtus de poils d'un gris jaunâtre; méso- et métathorax couverts de longs poils soyeux gris. Palpes, bas de la tête et poitrine à poils courts, roides, jaunes. Pattes jaunes; dernier article des tarses bruns. Antennes noires. Yeux d'un brun clair. Abdomen noir en dessus, blanc en dessous.

Dessus des ailes blanc; la base des supérieures pointillée de noir; leur bord noir, ainsi que la moitié postérieure qui est marquée d'une large bande oblique d'un jaune jonquille. Cette bande assez régulière intérieurement, fortement sinuée et dentelée à l'extérieur, est veinée de noir et offre en outre une petite tache triangulaire noire sur la nervure disco-cellulaire. Ailes inférieures à large bordure noire, dentelée intérieurement.

Dessous des quatre ailes d'un jaune de soufre à quelques points bruns irréguliers, clairsemés dans les cellules.

L'unique exemplaire que possède le Muséum, lui a été offert par M. Ludeking, officier de santé, qui l'avait pris dans une contrée montagneuse de l'intérieur de Sumatra.

2) TH. REINWARDTII, Voll. (Pl. 6, fig. 1).

Voll., in *Tijdschr. v. Entom.* Vol. III, p. 126.

Th. alis supra albis, anticis nigro-clathratis, macula triangulari aurantiaca, posticis nigro-marginatis; omnibus subtus sulfureis, fascia maculari fusca.
Exp. alarum 62 mm.
Hab. Ins. Molucc.

Tête et corps égaux à ceux de la précédente. (Les antennes manquent.) L'abdomen me semble plus blanchâtre en dessus.

Ailes blanches en dessus; la base des supérieures largement saupoudrée de cendré bleuâtre. Vers la moitié de la cellule discoïdale une étroite bande noire la traverse, et poursuit son cours en s'élargissant, le long de la troisième nervure inférieure. Du côté apical de cette bande transversale, le bord et toutes les nervures sont noires, de même qu'une bande marginale dentée et une bande submarginale sinuée. La marge des inférieures fortement dentée vers l'angle externe.

Dessous des quatre ailes d'un beau jaune de soufre; la cellule discoïdale des premières d'un jaune plus foncé. Une tache brune sur la nervure disco-cellulaire, une rangée de six taches sagittées brunes entre celle-ci et le bord. La dernière de ces taches est plus foncée que les autres et s'unit à une plus large tache noirâtre sur l'angle interne. Bord extérieur liséré de noir. En outre on voit quelques marbrures brunâtres dispersées sur l'aile, surtout vers le sommet. Les ailes inférieures offrent les mêmes marbrures, un point sur la disco-cellulaire, une rangée de six taches rondes, brunes, et un liséré brun au bord extérieur.

Selon l'étiquette, y attachée, l'unique individu connu a été envoyé des îles Moluques par M. le professeur Reinwardt. Une définition plus arrêtée d'habitat sera peut-être bientôt donnée par un de nos naturalistes voyageurs.

3) TH. BALICE, Boisd.

Boisd., *Spéc. Gén.* I. p. 593.

Th. alis anticis nigris, basi coerulescenti, parte interna sulfurea, macula maxima discali aurantiaca, nigro-venosa, posticis sulfureis, nigro-marginatis.

Exp. alarum 46—53 mm.

Hab Timor.

Tête et corps noir, revêtus en dessus de poils d'un gris jaunâtre, en dessous de poils et d'écailles jaunes. Antennes noires, à rangée de points blancs en dessous; bout de la massue jaune. Yeux bruns. Palpes jaunes à troisième article brun, pattes jaunes.

Dessus des premières ailes varié de quatre couleurs. La moitié basale de la cellule discoïdale est d'un bleu cendré pâle; la partie entre la médiane, la troisième inférieure et le bord intérieur est d'un jaune citron. Chez le mâle le reste de l'aile est noir, marqué d'une grande tache aurore, fortement sinuée sur son côté postérieur, ne laissant qu'un étroit espace noir entre elle et les parties jaunes et bleues. Cette tache est finement veinée de noir et offre un point triangulaire sur la nervure disco-cellulaire. Chez la femelle la côte est jaune, la base verdâtre au lieu de bleuâtre, la tache aurore laisse encore moins de noir entre elle et le jaune, et s'avance en arc sous la côte jusqu'à la base; enfin on voit près du sommet une rangée de quatre taches oblongues jaunes. Le dessus des inférieures est égal dans les deux sexes, c'est-à-dire jaune citron à bande marginale dentée noire.

Dessous des ailes d'un jaune citron dans les deux sexes. Côte à liséré noir; une tache à l'extrémité de la cellule, une autre plus grande sur l'angle interne des premières et cinq petites taches, ainsi que des points sur l'extrémité des nervures brunes. Les quatre ailes en outre couvertes de très-petites hachures noirâtres.

Boisduval, dont la description semble peindre un exemplaire hermaphrodite, donne à cette espèce Java pour patrie. Il me paraît vraisemblable que cette indication repose sur un rapport faux, puisque tous les exemplaires du Muséum de Leide proviennent de l'île de Timor.

4) TH. VENILIA, Godt.

Godt., *Enc. Méth.* IX. p. 121, n°. 7. Cram., *Pap. Exot.* T. II. Pl. 157. f. C. D. (♀ *P. Aenippe*). Boisd., *Spéc. Gén.* I. p. 594, n°. 5.

Th. alis anticis dimidiatim aurantiacis flavisque, apice, margine sinuato, maculis tribus parvis et alia arcuata magna, nigris; posticis sulfureis nigro-marginatis.

Exp. alarum ♂ 44, ♀ 56 mm.

Hab. Timor.

Espèce très-voisine de la précédente. Tête, corps, antennes, yeux et pattes semblables.

Dessus des ailes supérieures du mâle varié de trois couleurs. Côte d'une couleur aurore brunâtre, se fondant insensiblement dans une grande tache discale aurore, très-oblique, arquée, fortement sinuée extérieurement. De la base de la souscostale part un large arc noir, aboutissant à la nervure disco-cellulaire; la partie de l'aile au dessous de cet arc vers le bord extérieur est d'un jaune citron. Le sommet et le bord extérieur sont noirs. En dehors de la grande tache aurore on remarque un point et un trait de la même couleur et dans la première un point noir. Dessus des inférieures d'un jaune citron à bordure crénelée noire, qui fait défaut chez quelques individus; en ce cas-là les franges sont brunes. Dessous des premières ailes d'un jaune un peu verdâtre, avec une tache discoïdale noire et le sommet maillé de ferrugineux; dessous des secondes d'un jaune plus ou moins pâle, avec des hachures ferrugineuses éparses, un point discoïdal brun et souvent une rangée postérieure de taches ferrugineuses ocellées, mal écrites.

La femelle est bien plus grande, et diffère en ce que la base de la côte des premières ailes est d'un brun assez foncé, le reste de la côte noir, la tache aurore veinée de noir et le sommet de l'aile marqué d'une rangée de quatre taches allongées jaunes.

Godart mentionne Java comme la patrie de cette espèce. Les exemplaires de Boisduval et ceux du Muséum de Leide viennent de Timor.

GENRE VI. **IPHIAS**, Boisd.

Tête grosse, presque aussi large que le prothorax, hérissée sur le front de deux touffes longitudinales de poils roides, tellement longs et serrés, que celui qui regarde le papillon du côté du dos, n'aperçoit presque pas les palpes. Yeux nus et saillants.

Antennes longues et assez fortes, renflées insensiblement jusqu'à l'extrémité qui est tronquée. Palpes contigus et comprimés, densément revêtus de poils roides; leur premier article subcylindrique, recourbé en haut; le second beaucoup plus court; le dernier très-court, formant une petite pointe peu saillante et posée obliquement. Prothorax allongé, ainsi que les épaulettes. Thorax assez large, allongé; metathorax vêtu de longs poils soyeux. Ailes larges, robustes, à bord antérieur fortement arqué; sommet assez pointu; cinq nervures supérieures aux premières ailes. Abdomen plus court que les ailes inférieures. Pattes longues; leurs pelotes longues, cachant presque les ongles.

1) IPH. GLAUCIPPE, L.

Linn., *Syst. Nat.* 2. p. 762, n°. 89. Fabr., *Ent. Syst.* III. 1. p. 198, n°. 618. Drury, *Ill. exot.* I. tab. 10, f. 3, 4. Cram., *Pap. exot.* II. t. 164, f. A. B. C. Godt., *Enc. Méth.* IX. p. 119, n°. 2. Horsf., *Catal. E. Ind. Comp.* p. 130, n°. 55, Pl. 4, f. 7 et 7ᵉ (*chenille et chrysalide*). Boisd., *Spéc. Gén.* I. p. 596, n°. 1.

Iph. alis supra albis, anticarum dimidio apicali inclusa parte cellulae discoïdalis miniaceo, nigro marginato, venoso et punctato, posticis apud feminam nigro marginatis et punctatis.

Exp. alarum 76—106 mm.

Hab. Java, Sumatra, Borneo, Celebes.

Corps noir; front, prothorax et épaulettes hérissés de longs poils roides, gris de souris; dos du méso- et métathorax couvert de longs poils soyeux grisâtres ou jaunâtres, et parfois d'un blanc pur. Abdomen couvert d'écailles blanches ou grisâtres. Yeux d'un brun pourpre. Joues d'un jaune de chrome. Palpes labiaux à poils d'un jaune pâle; leur extrémité brunâtre. Poitrine, hanches et cuisses jaunes; jambes et tarses blancs à épines brunes.

Mâle. Dessus des ailes d'un blanc ordinairement pur, quelquefois légèrement jaunâtre. La côte saupoudrée de gris ou de noir. Les supérieures offrent à leur moitié apicale une grande tache triangulaire rouge, marginée de noir et s'étendant sur l'extrémité de la cellule discoïdale. Cette tache, veinée de noir et fortement sinuée extérieurement, offre quatre à cinq taches noires entre les nervures, la cinquième s'unissant à la bordure; celle-ci, souvent assez large, quelquefois peu distincte, n'est jamais courbée en arc. Dessus des inférieures à quelques traits sagittés noirs vers l'angle externe.

Dessous des supérieures blanc à moitié apicale rougeâtre, couverte d'une infinité de hachures et d'atomes bruns; dessous des inférieures blanc, marbré de brun; leur pli cellulaire très-prononcé, de couleur brune.

Femelle. Le blanc du dessus des ailes est décidément jaunâtre, et les taches noires dans la tache aurore sont beaucoup plus longues, sagittées. Dessus des inférieures à une bordure crénelée noire, précédée en dedans d'une rangée de points très-inégaux de la même couleur.

L'espèce n'est pas rare à Java, Borneo, Sumatra et Célébes; on la retrouve au Bengale et en Chine; elle varie beaucoup en grandeur; les plus grands individus se rencontrent en Célébes; puis viennent ceux de la Chine, ensuite ceux de Sumatra. Les plus petits sont ceux de Java et de Borneo. Les individus Célébiens se reconnaissent en outre par la grande largeur de la bande oblique noire qui sépare la tache rouge du fond blanc, bande qui chez quelques individus Javanais est presqu'entièrement oblitérée.

La chenille de la *Glaucippe* a été figurée par Horsfield et copiée par Boisduval et Moore. Elle est verte, assez aplatie, surtout vers la tête qui elle-même est très-plate. Les seconde et troisième paires de pattes semblent renflées; le dos est ridé et chagriné. A la hauteur des stigmates on voit une ligne latérale blanche, superposée à une série de pustules rouges. Les pattes sont vertes. Cette chenille se nourrit des feuilles d'une espèce de *Capparis*, connue sons le nom de Wanwannan; on la trouve aux mois de Février, Mars et Avril. Sa chrysalide a la forme d'une nacelle, étant pointue aux deux extrémités; sa couleur est verte, marquée de taches brunes.

56) IPH. FELDERI, Voll. (Pl. 6, fig. 2 et 3.)

Iph. alis supra flavescentibus, anticarum apice nigro, macula obliqua miniacea in mare, macula et punctis rufescentibus in femina, posticis in illa nigro marginatis et punctatis.

Exp. alarum. 95—102 mm.

Hab. Halmaheira et Morotai.

Espèce très-voisine de la précédente, mois cependant bien distincte. Il suffira de faire apprécier les différences.

Mâle. La couleur du fond du dessus des ailes est plus jaune, aussi bien chez le mâle que chez la femelle; chez cette dernière les postérieures offrent décidément une couleur jaune de soufre. La tache noire apicale n'envahit pas la cellule discoïdale, même elle ne touche qu'en un point la nervure disco-cellulaire; elle décrit une courbe et ne s'étend point jusqu'à la sousmédiane. La tache miniacée n'est pas triangulaire, mais a plutôt une forme lunulaire et ne contient que $3\frac{1}{2}$ taches sagittées noires. Le triangle apical du dessous des premières est noir, marbré de jaunâtre vers la côte et n'offre point la couleur aurore qu'on observe dans la *Glaucippe;* son bord intérieur est concave.

Femelle. La tache noire comme chez le mâle; la tache rouge n'est plus qu'une bande oblique, arquée, dentée extérieurement, suivie de quatre points de même couleur, dont la troisième affecte la forme lunulaire. Sommet de ces premières ailes en dessous comme chez le mâle. Ailes inférieures en dessous marbrées de teintes beaucoup plus foncées que chez la *Glaucippe.*

Cette nouvelle espèce, que je me fais un plaisir de dédier au Lépidérologiste distingué M^r. le docteur C. Felder, membre de l'académie impériale des Naturalistes de Vienne, a été découverte par le naturaliste Bernstein aux îles de Halmaheira (Gilolo) et de Morotai.

3) IPH. LEUCIPPE, Cram. ([1]).

Cram., *Pap. Exot.* I. Pl. 36, fig. A. B. C. Donov., *Ins. of India*, p. 38. Pl. 26, fig. 1. Fabr., *Ent. Syst.* III. s. p. 198, n°. 617. Godt., *Enc. Méth.* IX. p. 119, n°. 1. Boisd., *Spéc. Gén.* I. p. 596, n°. 2. Doubl. et Hewits., *Genera* Pl. VIII, fig. 2.

Iph. alis anticis supra miniaceis, nigro-maculatis, posticis flavis.

Exp. alarum 96—102 mm.

Hab. Ceram (et *Amboina?*).

Espèce assez rare dans les collections, quoique connue depuis bien longtems. Antennes, yeux et pattes comme chez la *Glaucippe.* Poils du front, du cou et des épaulettes bruns, ceux du dos et de la poitrine jaunes; écailles de l'abdomen jaunes.

Mâle. Dessus des premières ailes d'un rouge écarlate vif, chatoyant en une teinte empourprée chez quelques individus ([2]). Base de la côte, ainsi qu'une tache triangu-

---

([1]) Il est à regrêter que Cramer ait donné à cette espèce un nom peu en harmonie avec sa couleur. La *Glaucippe* de Liné aurait dû s'appeler *Leucippe* et celli-ci aurait dû pendre le nom de *Xanthippe.*

([2]) La couleur de ces ailes dans la figure de Cramer est trop sanguine, mais celle de Hewitson est de beaucoup trop pâle et tire trop au jaune.

laire à la base, sous la médiane, d'un jaune fortement saupoudré de noirâtre et de vert. Le reste de la côte, les nervures, une série de taches triangulaires, posées entre elles et la marge extérieure dentelée, noires. Dessus des secondes ailes d'un beau jaune citron, marqué de quelques traits noirâtres vers l'angle externe. Dessous des ailes d'un jaune-foncé, souvent vif, pâle chez quelques individus, avec des mouchetures et des atomes noirâtres, se réunissant en taches non loin du bord extérieur des premières et sur le bord antérieur des secondes; pli cellulaire de celles-ci ordinairement brun; base des supérieures d'un jaune citron verdâtre.

La *femelle* diffère en dessus en ce que la bordure des premières ailes est plus large et que les taches, posées entre les nervures s'élargissent et s'allongent jusqu'à couvrir la majeure partie des cellules. Les inférieures sont en dessus d'un jaune sale et rougeâtre, et offrent trois à quatre taches noires triangulaires au bord extérieur, précédées intérieurement de quatre taches plus petites.

Les individus de cette espèce de la provenance desquels je suis certain, sont de Céram. Cramer, et après lui d'autres auteurs mentionnent Amboine comme patrie. Quelques individus du Muséum de Leide portent l'étiquette de Java avec un point d'interrogation. Je crois que ces deux indications sont erronées.

4) IPH. VOSSII, Maitl. (Pl. 6. fig. 4.)

Maitl. in *Tijdschr. voor Entom.* Vol II, p. 25.

Iph. alis anticis dimidiatim flavis et rufis, costa margineque nigris, posticis flavis.
Exp. alarum 90 mm.
Hab. Insula Nias prope Sumatram.

Voisine de la précédente, mais moins grande. Tête, corps, yeux, palpes, abdomen comme chez celle-là; les antennes dont la meilleure partie manque, semblent être plus grêles. Les ailes supérieures en dessus sont divisées en deux parties par une ligne oblique, naissant du milieu de la côte; la moitié basale est, de même que les ailes inférieures d'un beau jaune citron; la moitié apicale, d'un rouge écarlate, a son bord, son sommet et une bordure extérieure peu dentelée, noirs; les nervures qui la divisent sont très-finement noires; entr'elles on voit quatre petites taches sagittées, noirâtres. Base de la côte saupoudrée de brun. Trois taches noires au bord près de l'angle interne des inférieures.

Dessous des premières ailes d'un jaune citron; leur sommet largement d'un jaune brunâtre, marbré de brun. Ailes inférieures semblables à celles de *Leucippe.*

C'est à l'obligeance de M. Westerman, directeur de la Société royale de Zoologie à Amsterdam, que le Muséum doit l'unique exemplaire connu, un mâle, qui faisait partie (avec une quantité d'autres insectes très-remarquables) d'un envoi de l'île de Nias, située près de la côte occidentale de Sumatra.

GENRE V. **ERONIA**, Hübn.

Tête large à front couvert de poils courts. Yeux très-gros, ronds et nus. Trompe fort longue. Palpes labiaux ascendants, très-peu proéminents; leur premier article assez long, arqué, tronqué à son extrémité, couvert d'écailles et de poils; second article quatre fois plus court que le précédent; le dernier très-petit, arrondi, placé au sommet du second. Antennes assez longus, renflées depuis leur moitié vers l'extrémité, où elles sont comprimées. Thorax assez court. Ailes antérieures sub-triangulaires, à sommet arrondi dans les femelles; cinq nervures supérieures, dont la 2ᵉ et 3ᵉ contigues à leur base, la 3ᵉ donnant naissance à deux rameaux. Ailes postérieures arrondies à bord légèrement ondulé; leur cellule discoïdale allongée. Dessous des quatre ailes comme satiné. Abdomen du mâle touchant presque leur angle anal, celui des femelles plus court. Pattes longues et grêles; pelottes des postérieures fort grandes.

1) ERON. VALERIA, Cram.

Cram., *Pap. Exot.* I. Pl. 85, f. A. ♂. Fabr., *Ent. Syst.* III. p. 59, n°. 185 (*Hippia*). Donov. *Ins. of India* p. 37. Pl. 25, f. 1 (*Hippia*). Godt., *Enc. Méth.* IX. p. 154, n°. 126 (*Valeria*) et p. 193, n°. 55 (*Dan. Hippia*). Horsf., *Cat. Mus. E. I. Comp.* p. 139, n°. 65. Boisd., *Spéc. Gén.* I. p. 444, n°. 9 (*Pieris Valeria*).

Er. alis maris supra glaucis, venis et margine nigris; feminae anticis nigrofuscis, maculis in disco elongatis, versus marginem rotundatis impure albis, posticis albo-flavescentibus, venis et margine nigrofuscis, hoc albopunctato.

Exp. alarum 74—82 mm.

Hab. Java, Banca, Sumatra, Borneo.

Tête et corps noirs. Front revêtu de poils bruns. Yeux bruns, leur bordure postérieure blanche. Antennes brunes. Palpes à poils blancs, mélangés de grisâtres, leur sommet brun. Métathorax à quelques poils blanchâtres. Poitrine et ventre couverts d'écailles blanches. Pattes blanches à jambes et tarses légèrement brunâtres.

Mâle. Dessus des ailes d'un blanc bleuâtre; les nervures, la côte et une bordure descendant jusqu'à l'angle anal, d'un noir brunâtre, les nervures s'élargissant du côté de cette bordure. Dessous des ailes d'un blanc satiné, moins bleuâtre, parfois même jaunâtre, avec les nervures brunes et la bordure fort-étroite d'un gris de perle, se fondant dans le blanc.

Femelle. Dessus des ailes d'un brun terreux. Disque des premières à neuf ou dix taches longitudinales d'un blanc, souvent jaunâtre; à quelque distance du bord extérieur, parallèle à lui, se voit une rangée de sept petites taches rondes, blanches, dont la cinquième en comptant de la côte, s'avance plus que les autres vers le disque. Ailes inférieures d'un blanc jaunâtre à nervures dilatées brunes, se fondant en une large bordure de même couleur, chargée d'une série de sept taches rondes, blanches, faisant suite à celle des premières ailes. Dessous presque égal au dessus; seulement le blanc est plus satiné et la couleur brune moins foncée.

Une variété du mâle offre aux premières ailes dans la bordure une série de sept taches marginales blanches, plus distinctes en dessus qu'en dessous.

Le type se trouve en Java, Sumatra, Banca et Borneo, la variété dans cette dernière île et sur le continent Indien, où la forme que nous avons décrite comme le type, semble ne pas se rencontrer. Horsfield soulève donc la question si ces deux formes ne seraient pas deux espèces distinctes.

2) ERON. JOBAEA, Boisd. (Pl. 7, fig. 1 ♀.)

Boisd., *Ent. du Voyage de l'Astrolabe*, Pag. 57, n°. 20. Pl. 2, fig. 5 et 6. *Spéc. Gén.* I. p. 445, n°. 10.

Er. alis anticis viridescenti albis margine lato nigro, posticis subtus nigris, serie submarginali punctorum alborum; feminae supra fuscis, maculis et punctis flavidis.

Exp. alarum: ♂ 72, ♀ 84.

Hab. Ceram.

Le papillon que nous allons décrire est une variété locale et qui semble constante de la *Jobaea* dont le type est propre à la Nouvelle-Hollande.

Tête et corps noirs, revêtus de poils et d'écailles noires et blanches. Front hérissé de poils roides noirs, au milieu desquels se fait remarquer une touffe de poils blancs. Bordure inférieure des yeux blanche; ceux-ci d'un brun pourpre. Antennes noires, leur massue à trait latéral blanc. Premier article des palpes blanc, à quelques poils brunâtres, second blanc à extrémité noire, troisième noir. Pattes brunes, variées de blanc.

Dessus des premières ailes du mâle blanc, avec une teinte verdâtre, et tout le contour noir, de la base jusqu'à l'angle interne. Dans cette bordure se voit non loin de la côte un point allongé blanc et vers le sommet un à deux traits blanchâtres; les nervures rendent la bordure dentelée. Le disque du dessus des inférieures est d'un blanc un peu bleuâtre avec le bord extérieur largement brun. La sous-costale brune s'unit à une large tache triangulaire d'un brun mat et grisâtre, s'avançant vers l'angle externe. Dessous des supérieures comme le dessus, mais plus pâle; celui des inférieures brun; avec cinq points blancs mal écrits sur la base et une rangée sousmarginale de six points blancs.

La femelle ressemble plustôt à une Danaïde qu'à une Piéride. Elle a le dessus des ailes d'un bruin noirâtre avec des taches jaunes et jaunâtres. Sur les premières une tache dans la cellule discoïdale et trois en dessous d'elle entre les nervures, jaunes; une rangée de quatre traits jaunes en delà de la cellule et une série de dix taches jaunâtres, partant du second tiers de la côte pour aboutir près de l'angle interne. Aux inférieures la côte et le bord abdominal sont d'un blanc jaunâtre, la cellule discoïdale, trois taches allongées au dessous d'elle et quatre gros points entourant son extrémité sont jaunes; enfin une série de huit taches rondes se voit le long du bord extérieur. Dessous des quatre ailes comme le dessus, mais le brun plus pâle et toutes les taches blanches.

L'espèce a été découverte dans la Nouvelle-Hollande ; la variété que nous venons de décrire, se trouve à Ceram.

3) ERON. ARGOLIS, Feld. (Pl. 7, fig. 2 ♀.)

Felder, *Lep. Fragmente*, p. 52, n°. 75 (Separatabdruck aus n°. 8 der Wiener Entom. Monatschrift vom 1 Aug. 1860).

Er. alis anticis in mare supra nigrofuscis, disco glauco fusco-venoso, posticis fuscis, maculis tribus contiguis, palmatis, glaucis: feminae supra fuscis, maculis elongatis punctisque flavidis.
Exp. alarum 70—76.
Hab. Batjan.

Espèce dont le mâle se distingue aisément, tandis qu'il est difficile de distinguer au premier coup d'oeil la femelle de la précédente. Corps, tête, yeux, palpes et pattes égaux à ceux de la *Jobaea*; point de trait blanc à la massue des antennes.

Dessus des ailes du mâle d'un brun très-foncé et velouté; leur disque offre une large tache d'un vert de mer, divisée en huit parties par les nervures brunes dilatées; dont une, la cellule discoïdale, a deux traits bruns longitudinaux à son extrémité. La moitié costale du dessus des inférieures est d'un brun mat, l'autre moitié d'un brun velouté avec sa base couverte d'une grande tache d'un blanc verdâtre, palmée à l'extrémité et divisée en trois par les nervures brunes. Dessous égal à celui de *Jobaea*, excepté que les nervures sont plus dilatées.

Femelle ne différant de celle de l'espèce précédente que par ce que les taches sont plus minces et les deux plus grandes divisées chacune en deux parties longitudinales, tant en dessous qu'en dessus. Le Muséum de Leide ne possède que deux femelles, dont l'une a les taches discales plus jaunes que l'autre; celles de la bordure étant blanches chez toutes deux.

L'espèce semble très-commune dans l'île de Batjan.

4) ERON. TRITAEA, Feld. (Planche 7, fig. 3 ♀).

Felder, *Lep. Fragmente*, pag. 4, n°. 3, tab. III, fig. 2.

Er. alis supra fuscis apice albo, maris maculis longitudinalibus glaucis, subtus albis sericeis, fusco-venosis; feminae supra maculis et punctis flavidis, subtus albis.
Exp. alarum 86—94.
Hab. Celebes et Timor.

Espèce voisine de la précédente, mais beaucoup plus grande et reconnaissable au premier coup d'oeil au liséré blanc qui borde le sommet des ailes supérieures dans les deux sexes.

Tête, corps, yeux et palpes comme chez les deux précédentes. Antennes du mâle souvent blanches en dessus, celles de la femelle à massue blanche au côté supérieur. Poitrine et pattes blanches, rayées de brun.

Ailes supérieures du mâle d'un brun velouté; une large bande blanche à teinte bleuâtre traverse l'aile de la base au sommet, longeant la souscostale et la troisième nervure inférieure, divisée par les nervures en plusieurs taches dont les inférieures pointues vers le bord, et la discoïdale offrant deux profondes entailles brunes. Les inférieures en dessus semblables à celles de l'*Argolis*, sauf que les taches de blanc verdâtre sont plus allongées vers le bord extérieur.

Dessous des quatre ailes d'un blanc nacré à côte, nervures et liséré le long des bords d'un brun pâle.

Femelle en dessus assez semblable à l'*Argolis* sauf les sommets blancs. Les taches sous la nervure médiane sont plus grandes, celles en delà de la cellule plus allongées, les taches marginales de simples points; la cellule offrant trois traits, plus larges vers l'extrémité. La couleur des taches est jaune ou blanche. En dessous le dessin est le même, mais le brun est plus pâle et les taches d'un blanc nacré.

Deux ou trois individus du Muséum, provenant des voyages de MM. Reinwardt et Ver Huell, sont simplement étiquetés *"* des Moluques *"*. M. de Rosenberg nous envoya une multitude d'exemplaires, pris à Gorontalo, Ayer-Pannas et Boné en l'île de Célébes, qui semble la véritable patrie de cet insecte. Selon M. Felder on le trouve en outre à Timor.

GENRE VI. **CALLIDRYAS**, Boisd.

Tête de grosseur moyenne, garnie de poils très-serrés. Yeux nus, arrondis, protubérants. Trompe longue. Palpes labiaux contigus, très-comprimés; leur premier article de longueur moyenne, garni d'écailles et de poils courts; second article un tiers de la longueur du précédent; troisième conique, très-court, couvert d'écailles serrées. Antennes assez courtes, graduellement renflées vers leur extremité, qui est sub-tronquée. Thorax court, le méso- et métathorax revêtus de longs poils soyeux. Abdomen plus court que les ailes inférieures. Ailes robustes, les supérieures triangulaires à quatre nervures supérieures, la quatrième fort éloignée de la troisième à sa base; la seconde et troisième contigues à leur base, la seconde se divisant en trois rameaux. Ailes inférieures arrondies, à large gouttière; leur nervure costale brisée en angle. Pattes assez grêles; tarses de la dernière paire allongés. Ongles fortement entaillés; pelottes grandes.

1) CALL. PYRANTHE, L.

Linn., *Syst. Nat.* 2. p. 763, n°. 98. Fabr., *Ent. Syst.* III. 1. p. 198, n°. 616. Cram., *Pap. exot.* I. Pl. 58, fig. A. B. C. (*Alcyone*). Drury, *Illustr.* I. Pl. 12, fig. 3 et 4 (*P. Chryseis*). Godt., *Enc. Méth.* IX. p. 97, n°. 24.

Call. alis albis, anticis supra puncto discali margineque nigris, posticis feminae nigro-marginatis; subtus omnibus flavidis ochraceo-undulatis.

Exp. alarum 46—72 mm.

Hab. Sumatra, Banca, Billiton, Java.

Tête et corps noir, vêtus d'écailles et de poils blancs et gris. Front et cou hérissés de poils gris de souris. Antennes brunes, rougeâtres en dessous, d'un brun très-clair au sommet. Yeux d'un brun marron. Palpes blancs; leur extrémité brune. Poils du dos d'un gris bleuâtre, ceux de la poitrine jaunâtres; abdomen blanc chez le mâle, cendré chez la femelle. Pattes d'un blanc légèrement rougeâtre, à ongles brunes.

Dessus des ailes blanc, parfois un peu verdâtre. Les supérieures avec un point noir sur la nervure disco-cellulaire, plus gros chez la femelle, et une bordure noire, dilatée au sommet et descendant jusqu'à l'angle interne. Chez la femelle cette bordure est plus large, brusquement rétrécie ou bien bifurquée vers le milieu du bord extérieur; la base chez elle est en outre noirâtre. Les secondes ailes avec une bordure noirâtre, plus ou moins prononcée, nulle chez les petits mâles, chez lesquels on n'observe que des points noirs sur l'extrémité des plis entre les nervures. — Dessous des ailes d'un blanc lavé de jaune glauque, sauf la moitié interne des supérieures, avec une multitude de hachures ochracées et les franges de la dernière couleur. Des points blancs cerclés d'ochracé sur les nervures disco-cellulaires.

Var. Chez quelques individus qui ont le point discoïdal des premières ailes en dessous assez gros et brun, celui des inférieures est surmonté de deux autres points blancs cerclés de rouille ou bien d'un point et d'une tache; enfin chez des individus femelles l'on voit en outre sur les quatre ailes la trace d'une bande maculaire sous-marginale, ochracée, de manière à offrir une transition naturelle à la *Callidryas Philippina* Cram. du Bengale qui me semble une et la même espèce unique avec notre *Pyranthe.*

Pyranthe occupe les parties occidentales de nos possessions aux Indes Orientales, c'est-à-dire les îles de Sumatra, de Banca, de Billiton et de Java.

Selon M. Horsfield la larve de cette espèce est d'un vert foncé avec une ligne latérale blanche.

2) CALL. HILARIA, Cram.

Cram., *Pap. exot.* IV. Pl. 339, fig. A. B. — var. ♀ Pl. 229, fig. D. E. (*Catilla*). Godt., *Enc. Méth.* IX. p. 97, n°. 25 et 26 (*Titania*). Boisd., *Spéc. Gén.* I. p. 626, n°. 20.

Call. antennis roseis aut rufobrunneis, alis maris albis basi citrina, feminae sulfureis, nigro maculatis et marginatis, in utroque sexu subtus puncto discali.

Exp. alarum 46—76 mm.

Hab. Java, Banca, Borneo et Timor.

Espèce très-variable en grandeur, fort voisine de la suivante, mais plus constante en couleurs.

Tête et thorax noirs, abdomen d'un blanc brunâtre. Front et nuque revêtus de poils rosés, mêlés de quelques autres de couleur brune. Antennes rosées chez le mâle, d'un brun rouge chez la femelle. Yeux d'un brun clair, plus foncé chez la dernière. Palpes labiaux revêtus de poils et d'écailles jaunes, leur dernier article rouge. Dos du thorax couvert de poils gris ou jaunes; poitrine jaunâtre; abdomen d'un jaune de soufre chez le mâle, plus foncé chez la femelle. Pattes de la couleur du dessous des ailes.

Dessus des ailes d'un blanc mat, avec la base, une partie de la côte et tout le bord abdominal largement d'un jaune citron; un liséré noir vers le sommet des supérieures, qui parfois se dilate assez pour offrir une mince bordure. Dessous des ailes d'un jaune très-pâle souvent un peu verdâtre, excepté sur la partie interne des premières. Quand le dessin est bien exprimé, ce qui n'arrive pas toujours, on aperçoit une teinte jaune de soufre en avant de la nervure médiane, un peu de rose au sommet et quelques hachures de la même couleur entre la cellule discoïdale et les franges qui sont roses. En outre la nervure discocellulaire est marquée aux premières ailes d'une tache ronde, rose, cerclée de brun, et aux secondes d'un point blanc argenté, entouré de deux petits cercles roses; enfin un point égal au dernier, mais plus petit, se voit tout près de l'autre entre la 1ᵉ et la 2ᵉ supérieures.

Dessus des ailes de la femelle d'un jaune soufre vif, souvent même un peu orangé. Les supérieures ayant vers le sommet une bordure noire, qui, descendant vers l'angle interne, est crénelée en dedans et précédée d'une ligne noire, maculaire, tortueuse, composée de cinq taches jusqu'à dix. Ailes inférieures offrant au bord extérieur quelques taches allongées noires, posées sur l'extrémité des nervures.

Dessous d'un jaune plus ou moins orangé, avec le dessin le plus souvent égal à celui des mâles, lorsqu'il est distinctement prononcé, parfois encore rehaussé de quelques taches brunes (¹). Lorsque ces taches brunes en se joignant envahissent une grande partie du disque des inférieures, elles constituent la variété à laquelle Cramer a donné le nom de *Catilla*.

Cette espèce semble être assez commune à Java; on la trouve encor à Banca, Borneo et Timor, et c'est en cette dernière île que l'on rencontre la variété *Catilla*.

3) CALL. ALCMEONE, Cram.

Cram., *Pap. Exot.* II. Pl. 141, fig. E (?). Fabr., *Ent. Syst.* III. 1. p. 196, n°. 611. Godt., *Enc. Méth.* IX. p. 97, n°. 27. Boisd., *Spéc. Gén.* I. p. 627, n°. 21 et 20 ♀. Cram., *Pap. Exot.* II. Pl. 187, fig. E. F (*Jugurtha* ♀) et I. Pl. 55, fig. C. D (var ♀ *Alcmeone*). Boisd., *Spéc. Gén.* I. p. 625, n°. 19 (*Alcmeone*) et *Voy. de l'Astrolabe, Entom.* p. 63, n°. 2. Pl. 2, fig. 3 et 4.

Call. antennis nigris, alis supra citrinis aut albis basi citrina, in femina nonnunquam flavis, semper in illa nigro-marginatis, subtus deficiente puncto discali.

Exp. alarum 56—76 mm.

Hab. Java, Sumatra, Borneo, Timor, Celebes, Ceram, Ternate, Morotai, Waigeou.

(¹) Boisduval a décrit la femelle de cette espèce sous le nom d'*Alcmeone* et celle-là sous le nom d'*Hilaria*.

Cette espèce est si voisine de la précédente qu'il suffira d'indiquer les différences.

Les antennes, quoique souvent brunes en dessous, sont toujours de couleur très-foncée à leur page supérieure, même souvent noires. Le dessus des ailes du mâle n'est pas toujours uniformément blanc à base jaune citron; chez quelques individus le blanc prend une teinte jaunâtre, chez d'autres tout le dessus des ailes est d'un jaune citron, ce qui toutefois n'est pas propre à une variété locale. Toujours la côte est d'une teinte jaune plus foncée que chez la *Hilaria* et le liséré noir du sommet descend ordinairement plus bas. En dessous la couleur des ailes est toujours plus jaunâtre, souvent même d'un beau jaune citron. On ne voit point de taches ni de point sur la nervure disco-cellulaire.

Le dessous des ailes de la femelle est blanc, ou blanc avec la base jaune, ou jaune citron ou même quelquefois jaune ochracé. Le bord est toujours noir ou noirâtre, la bordure marginale est plus large. La tache noire de la nervure transversale est souvent unie au noir du bord par une courte bande arquée; les inférieures offrant constamment une bordure dentée et non point de simples taches marginales. Le dessous des ailes n'offre constamment que des traces de points discoïdaux et de bandes transverses.

Chez la variété *Crocale* de Cramer un brun foncé s'étend de la côte et de la bordure vers le disque, chez quelques exemplaires jusqu'à envahir la majeure partie de l'aile. Un individu de Célébes, conservé au Muséum de Leide, a les ailes supérieures brunes en dessus avec une rangée sousmarginale de sept taches jaunes. Celui-là est le plus foncé que j'aie vu.

Il paraît que cette espèce se trouve presque partout dans nos colonies des Indes orientales; en outre ou la rencontre dans quelques pays du continent Indien.

4) CALL. SCYLLA, L.

Linn., *Syst. Nat.* 2. p. 763, n⁰. 95. Fabr., *Ent. Syst.* III. 1. p. 201, n⁰. 630. Cram., *Pap. Exot.* I. Pl. 12, fig. C. D. Donov. *Ins. of India.* Pl. 28, fig. 3. Godt., *Enc. Méth.* IX. p. 95, n⁰. 19. Boisd., *Spéc. Gén.* I. p. 631, n⁰. 25.

Call. alis anticis supra albis nigromarginatis, posticis aurantiacis.
Exp. alarum 52—70 mm.
Hab. Java, Sumatra, Timor, Celebes, Ternate, Batjan et Morotai.

Tête et corps du coté du dos couvert de poils grisâtres, cendrés et blancs, et d'écailles blanches. Palpes, poitrine et pattes d'un jaune de chrome très-vif. Antennes d'un noir brunâtre à raie brune en dessous. Yeux d'un brun pourpre foncé.

Dessus des ailes supérieures blanc avec une bordure noire, souvent à liséré jaune en dehors, commençant au deuxième tiers de la côte, dentée intérieurement, assez étroite, mais élargie un peu au sommet. Ailes inférieures d'un orangé vif, à base et bord abdominal ordinairement plus clairs, et à points noirs à l'extrimité des nervures. Dessous des quatre ailes d'un jaune de chrome très-intense sauf la partie interne des premières ailes qui est d'un blanc pur. Une raie ochracée, tortueuse, transversale, souvent interrompue, à quelque distance du bord extérieur; deux petits cercles bruns, formant des 8 sur la nervure disco-cellulaire, plus foncés sur les supérieures; aux inférieures en outre deux points bruns en avant de la sousmédiane.

Chez la femelle la couleur blanche est un peu jaunâtre et l'orangée beaucoup moins vive, la bordure moins foncée et plus large, précédée d'une ligne flexueuse interrompue. Les points marginaux des inférieures sont dilatées en taches ovales, précédées d'une autre rangée de taches triangulaires, souvent peu distinctes. En dessous la ligne flexueuse, les cercles et les points sont plus distinctement prononcés.

Scylla est très-commune dans la plupart des îles de notre Faune. Selon Horsfield sa chenille vit sur différentes espèces de *Cassia*, surtout sur la *Cassia fistula* et *obtusifolia*. La figure qu'en donne Horsfield, *Cat. East India Comp.* Pl. 1, fig. 9, ne diffère que peu de celle de l'*Iphias Glaucippe;* seulement son dernier anneau paraît allongé et s'étendant bien au delà des pattes, et sa couleur verte est plus grisâtre.

GENRE VII. **RHODOCERA**, Boisd.

Nous voici arrivés à un genre, représenté dans notre Faune par une seule espèce qui semble ne pas quadrer tout-à-fait avec les caractères décrits par Boisduval comme propres à ce genre. Lorsque cet auteur a dit *//* les *Rhodocera* ont un grand rapport avec les *Callidryas*, mais elles en diffèrent par leurs antennes plus ou moins arquées et leurs ailes anguleuses *//*, il lui était impossible de comparer aux autres espèces notre espèce de Borneo, qui alors n'était pas encore connue; mais il a pu examiner si la *Rhodocera Lyside* qu'il décrit à la page 603 sous le n°. 7, convient à sa description des caractéres génériques et en le faisant il trouve, que cette espèce s'éloigne déjà passablement de *Rhamni* par la forme des antennes, ses ailes inférieures arrondies et le sommet des supérieures moins aigu. Il ajoute qu'il serait possible que la *Lyside* devînt le type d'un genre nouveau, lorsque l'on connaîtra ses premiers états. Cependant il la laisse dans le genre *Rhodocera* en attendant le résultat des investigations nouvelles.

Me trouvant dans la même position quant à la *Rhodocera* de Borneo, je suivrai l'exemple de l'illustre maître et m'abstiendrai de la création d'un genre nouveau, en faisant néanmoins observer que la *Gobrias* se sépare des *Rhodocera* typiques par des antennes grêles, non arquées de haut en bas, par le sommet presque obtus des premières ailes et, ce qui doit être considéré comme la différence la plus importante, par une cellule discoïdale très-courte et large aux quatre ailes. On trouve une délinéation de la forme des ailes et du réseau des nervures dans notre première planche.

1) RHODOCERA GOBIAS, Hew.

Hewitson in *Transact. of the Entom. Society of Lond.* 3 Ser. Vol. II. p. 246, n°. 5. Pl. XVI, fig. 1.

Rhod. alis supra citrinis, anticarum apice nigro, margine exteriore undulato, posticis angulosis, margine tenui ferrugineo.

Exp. alarum 70 mm.

Hab. Borneo.

Espèce assez voisine de celle décrite M. le professeur J. van der Hoeven, sous le nom de *Colias Ver Huelli*, que l'on trouve en Chine. La plus grande différence entre ces deux consiste en ce que celle-là a le sommet des premières ailes très-aigu et que chez la nôtre il est arrondi ou presque obtus.

Tête et corps noir, revêtus de poils cendrés, jaunes et roses; abdomen d'un brun pâle, couvert d'écailles jaunes. Front garni d'une touffe de poils d'un rouge pourpre. Antennes courtes, grêles, noires à raie blanche en dessous et sommet brunâtre. Palpes labiaux revêtus de poils écailleux, très-serrés et comprimés, d'un jaune de soufre; leur dernier article posé obliquement sur le second, brun. Poils soyeux du métathorax jaunes. Pattes blanches avec une faible teinte jaunâtre.

Dessus des ailes d'un beau jaune citron; base de la côte saupoudrée de noirâtre, un liséré rougeâtre le long de la côte. Grande tache apicale aux premières ailes noire, fortement ondulée intérieurement et descendant en ligne onduleuse vers l'angle interne. Une tache allongée d'un brun de rouille très-clair sur l'extrémité de la cellule discoïdale; une ligne de la même couleur, prenant son origine au bord de la tache apicale, traverse les deux ailes pour aboutir à la seconde nervure inférieure des secondes. Bord extérieur de celles-ci a liséré brun intérieurement, noir à l'extérieur et à franges brunes. Dessous des ailes d'un jaune de soufre; base de la côte rougeâtre; deux points rouges au milieu de la côte. La tache apicale d'un brun rouge vineux, traversé par un trait lilas. Tache cellulaire brun rouge, remplie de jaune soufre; la ligne qui se fait à peine remarquer au dessus des ailes, est très-distincte ici et de couleur brune; mais au contraire le liséré du bord extérieur des inférieures est plus clair.

Selon M. Hewitson, la femelle que je n'ai point eue sous les yeux, est presque blanche.

Le Muséum de Leide possède deux mâles que M. Diard a pris dans l'île de Borneo.

GENRE VIII. **TERIAS**, Swains.

Tête petite, médiocrement garnie de poils. Yeux nus, de grandeur médiocre. Antennes grêles de la moitié de longueur de la côte des ailes supérieures, insensiblement renflées depuis leur moitié, à sommet arrondi et massue quelque peu comprimée. Palpes labiaux courts, point proéminents en avant de la face; leur premier article courbé en haut, un peu comprimé latéralement, densément revêtu de larges écailles; le second ovale, du tiers de la longueur du 1er; le troisième fort petit, ovale, presque caché entre les écailles du précedent. Thorax foible; prothorax très-court. Ailes arrondies délicates, assez larges; les supérieures ayant le bord costal assez fortement arqué vers la base; quatre nervures supérieures aux premières ailes, la seconde divisée en trois rameaux; les 2me et 3me nervures supérieures aux secondes ailes presque contigues à leur base. Abdomen comprimé latéralement, à peu près de la longueur des ailes inférieures. Pattes grêles; leurs jambes assez courtes et leurs tarses très-longs; les ongles fortement entaillées, la dent extérieure étant bien plus aigue que la suivante.

1) TER. HARINA, Horsf.

Horsf., *Catal. East-Ind. Comp.* p. 137, n°. 63. Boisd., *Spéc. Gén.* I. p. 668, n°. 25.

Ter. alis sulfureis, anticarum limbo apicali nigro aut nigrescente, subtus omnibus immaculatis.
Exp. alarum 40—48 mm.
Hab. Java et Ceram.
Tête et thorax noirs, couverts de poils et d'écailles jaunes; abdomen d'un brun clair, revêtu d'écailles jaunes et blanches. Front garni d'une touffe de poils jaunes. Antennes brunes, piquées de blanchâtre inférieurement. Palpes labiaux à écailles blanches; leur dernier article et l'extrémité du second bruns. Yeux d'un brun foncé. Pattes d'un blanc rougeâtre à ongles et pelottes brunes. Ailes d'un jaune soufre; les supérieures ayant vers le sommet une bordure étroite, descendant en se rétrécissant le long du bord jusqu'à l'extrémité de la 3me nervure inférieure. Les inférieures offrant quelquefois une trace de bordure vers l'angle antérieur. Dessous des quatre ailes d'un jaune soufre, sans aucune tache, souvent un peu plus vif vers la base et le sommet des supérieures.
Les individus de Ceram ont la bordure faible et décolorée. Une espèce non décrite, très-voisine de l'*Harina*, se trouve au Japon. Elle se distingue par la couleur un peu safranée du dessus des ailes et par des points bruns épars sur la page inférieure.

2) TER. TILAHA, Horsf.

Horsf., *Catal. East Ind. Comp.* p. 136, n°. 62. Boisd., *Spéc. Gén.* p. 668, n°. 26.

Ter. alis supra flavis, anticis toto margine nigro, posticis in mare margine exteriore dentato nigro, in femina seminigris.
Exp. alarum 32—48 mm.
Hab. Java, Borneo et Celebes.
Tête et corps d'un brun noirâtre, revêtus de poils jaunes entremêlés d'autres d'un gris jaunâtre. Front à poils jaunes, surmontés d'une touffe de poils bruns. Palpes jaunes à extrémité brune. Antennes noires, piquées de blanc inférieurement. Yeux d'un brun très-foncé. Abdomen brun en dessous, à ventre jaune. Poitrine et pattes jaunes; genoux et extrémités des jambes noirs.
Dessus des ailes d'un beau jaune de gomme-gutte. La côte et le bord intérieur

assez largement bordé de noir; le sommet et le bord extérieur plus largement encore, de manière que la ligne de démarcation est très-oblique et prend naissance à la moitié de la côte. Cette ligne sinuée et dentée. Ailes inférieures du mâle à bordure noire, ordinairement dentée intérieurement. Chez la femelle cette bordure est si large qu'elle occupe presque la moitié de l'aile et ordinairement elle n'est pas dentée. Franges souvent blanches. Dessous des ailes d'un jaune très-vif, sans bordure, mais quelquefois avec un liséré noirâtre au sommet. Une tache évidée, en forme de croissant brisé, de couleur brunâtre, sur la nervure disco-cellulaire; deux traits bruns vers la base des premières, et 11 à 12 pareils, rangés en cercle autour de la tache évidée sur les inférieures.

Selon Horsfield et Boisduval cette espèce a l'île de Java pour patrie. Les exemplaires du Muséum royal Neerlandais proviennent de Borneo et de Célébes. Un mâle de cette dernière localité offre le dessin femelle.

3) TER. TOMINIA, Voll. (Pl. 7, fig. 4.)

Ter. alis supra fuscis, flavofasciatis, subtus flavis, maculis paucis fuscis.
Exp. alarum 50 mm.
Hab. Celebes septentr.

Espèce très-distincte, mais dont le mâle est resté inconnu jusqu'à ce jour. Tête, antennes, yeux et palpes égaux à ceux de la précédente. Dos du thorax et de l'abdomen brun; poitrine et raie ventrale jaune. Pattes de cette dernière couleur à tarses un peu brunâtres. Ailes d'un brun chocolat en dessus; aux premières une bande oblique, de moyenne largeur, sinuée en dehors, un peu arquée, ne touchant point les bords, d'un jaune citron; aux inférieures une bande droite, plus large, obtuse au bout, de la même couleur jaune, s'étendant de la base vers l'angle externe. Chez l'un des individus le contour en est effacé. Dessous des ailes d'un jaune vif à liséré noir au sommet et bande lilas, longeant le bord intérieur des premières ailes, communément couverte par les inférieures. Deux taches brunes à l'extrémité de la cellule discoïdale aux quatre ailes. En outre trois ou quatre taches ou points en arrière de celles-là sur les ailes inférieures.

Nous devons la connaissance de cette espèce à M. de Rosenberg qui la découvrit à Tomini, dans l'île de Célébes. Plus tard il en prit d'autres individus à Ayer-Pannas dans la même île.

4) TER. HECABE, L.

Linn., *Syst. Nat.* 2. p. 763, n°. 96. Fabr., *Ent. Syst.* III. 1. p. 192, n°. 598. Cram., *Pap. exot.* 124, fig. B. C. Godt., *Enc. Méth.* IX. p. 134, n°. 51. Horsf., *Cat. East. Ind. Comp.* p. 135, n°. 60. Pl. 1, fig. 12 et Pl. 4, fig. 8, 8ª (*Chenille et Chrysalide*) p. 136, n°. 61 (*T. Sari*). Boisd., *Spéc. Gén.* I. p. 669, n°. 27.

Ter. alis flavis anticarum margine nigro lato dentato, sinu duplici profunde inciso, posticarum margine angustiori, subtus singulis nota discoidali fusca annulato-ovata irregulari subgemina, punctisque pluribus fuscis.

Exp. alarum 35—50 mm.

Hab. Java, Sumatra, Borneo, Ceram, Amboina, Celebes, Timor, Ternate, Tidore, Halmaheira, Batjan, Waigeou et Obi.

La plus commune des Piérides aux Indes Orientales, variant tellement que la *Suava*, *Floricola* et *Blanda* Boisd. peuvent sans effort lui être attribués comme variétés, aussi bien que la *Sari* Horsf. Il n'y a que l'éducation de la chenille en différentes îles qui puisse nous donner certitude à cet égard.

Tête, corps, yeux, palpes et pattes comme chez la précédente. Antennes brunes ou noires à raie blanche inférieurement, piquées de blanc latéralement.

Dessus des ailes d'un jaune ordinairement très-vif, quelquefois orangé, chez d'autres individus jaune de soufre. Les supérieures ont une bordure noire, assez large, commençant par un liséré le long de la côte, s'élargissant à son deuxième tiers, sinuée à l'intérieur faiblement au commencement, mais décrivant brusquement un sinus profond passé le milieu de l'aile, ce sinus offrant ordinairement une petite dent regardant la base. Ailes inférieures offrant une bordure ordinairement étroite, noire, souvent dentelée chez la femelle. La frange des quatre ailes quelquefois jaunâtre.

Dessous des ailes d'un jaune, souvent plus pâle que celui du dessus, jamais orangé. La plupart des individus ont des points bruns ou noirs à l'extrémité des nervures sur le bord et surtout au sommet. Sur le disque de chaque aile on voit une tache évidée brune de forme très-variable, ordinairement assez allongée, précédée sur les premières de deux, et sur les secondes de trois taches annulaires ou points bruns, et souvent suivies sur les dernières de traits bruns offrant les traces d'une raie transverse en zigzag. Chez la femelle ces taches et raies sont beaucoup plus distincts et elle offre en outre sur le dessous des premières une large tache transversale d'un brun pourpre.

Var. A. Ailes d'un blanc pur sur les deux faces, le dessous sans taches.

Var. B. (*Sari* Horsf.). Variété femelle, quelquefois un peu plus pâle, dont le sommet des ailes supérieures offre en dessous une grande tache quadrangulaire d'un brun pourpre, atteignant la côte et le bord extérieur.

Var. C. Le jaune du dessus des ailes, particulièrement aux supérieures, est saupoudré de brun; une lunule brune à l'extrémité de la cellule discoïdale. La bordure des inférieures du triple plus large.

Cette espèce est très-commune dans toute l'Inde. On la retrouve au Bengale, à Ceilon, en Chine et au Japon. Notre var. A. se rencontre à Ceram et Amboine, la var. B. à Java, la var. C. aux îles Obi.

5) TER. BLANDA, Boisd.

Boisd., *Spéc. Gén.* I. p. 672, n°. 32.

Ter. alis flavis, anguste nigro-marginatis, margine sinuoso sed non profunde inciso; singulis subtus disco macula fusca annulari gemina, punctisque numerosis.

Exp. alarum 42—48.

Hab. Java, Ceram, Batjan, Halmaheira.

Cette espèce ne diffère de la précédente que par sa bordure plus étroite, dentée régulierement en dedans, sans offrir le sinus profond passé son milieu. La bordure des ailes inférieures n'est pas plus étroite que celle de beaucoup d'individus de la *Hecabe*. Le dessous est égal à celui de la précédente, mais les taches discales des secondes ailes semblent presque toujours se diviser en deux cercles. Ne faut-il pas la considérer comme une simple variété?

6) TER. LERNA, Feld.

Feld., *Lepid. Amboin.* in *Sitzungsberichte der K. Akad. der Wissensch.* XI Band, n°. 11. p. 448.

Je crois qu'il faudra insérer ici une espèce que je ne connais point en nature, et dont M. C. Felder donne la diagnose suivante, copiée litéralement.

" Alis supra sulphureis, feres omnino dense fusco-adspersis, anticis limbo late fusco, introrsum dentato, apud angulum internum desinente; posticis limbo externo et postico fuscis, angulum analem haud pertingentibus, subtus anticarum disco laete flavo, earum extima posticarumque superficie omni dense fusco atomatis ♂. "

7) TER. CANDIDA, Cram.

Cram., *Pap. Exot.* IV. Pl. 331, f. A. Boisd., *Spéc. Gén.* I. p. 673.

Ter alis ♂ supra flavis, ♀ albis, costa, limbo latiore et margine abdominali nigris.
Exp. alarum 40—45 mm.
Hab. Sumatra, Amboina, Ceram, Celebes, Timor.
Tête et corps noir, celui-ci revêtu en dessus de poils mélangés de jaune verdâtre et de brun foncé, couvert en dessous d'écailles jaunes. Sur le front une touffe de poils jaunes, entourée de poils bruns. Palpes jaunes à extrémité brune. Antennes d'un noir brunâtre, piquées de traits blancs inférieurement. Pattes jaunes à genoux noirs et tarses un peu brunâtres.
Mâle. Ailes d'un jaune vif de part et d'autre, avec une large bordure commune noire, un peu plus dilatée au sommet, très-peu ou point sinuée intérieurement, unie à la côte qui est noire, et de l'autre côté au bord abdominal qui est brun, saupoudré souvent de jaune. Dessous semblable au dessus, excepté que la côte n'offre plus qu'un simple liséré noir.
Femelle. Ne diffère du mâle que par la couleur; le jaune vif du dessus est ici blanc et la couleur jaune du dessous est plus pâle; en outre le bord extérieur des premières ailes est blanc.
Cette belle espèce est assez dispersée dans les colonies, puisqu'on la rencontre dans les différentes îles citées plus haut.

8) TER. PUELLA, Boisd.

Boisd., *Entom. du Voy. de l'Astrolabe*, p. 60. Pl. 2, fig. 8. *Spéc. Gén.* I. p. 674
(*Var. Candidae*).

Ter. alis ♂ supra flavis, ♀ albis, costa et limbo latiori nigris.
Exp. alarum 45 mm.
Hab. Ternate et Nova Guinea.

En écrivant sa faune entomologique de l'Océan Pacifique M. Boisduval émit l'opinion que l'espèce à laquelle il donna le nom spécifique de *Puella,* est une espèce bien distincte, quoique très-voisine de la *Candida.* Quelques années plus tard il changea d'opinion et dans son *Species* ne décrit la *Puella* que comme une variété. Il me parait qu'ici encore la première impulsion a été la meilleure et que la *Puella* à assez de droits à une place particulière entre les espèces. Néanmoins pour la décrire il me semble suffisant d'énoncer les différences que l'on remarque entre elle et la *Candida.*

La côte n'offre qu'un liséré noir; la bordure noire des supérieures commence à un point bien plus près de la base, est beaucoup plus large au sommet et plus étroite à l'angle interne et offre dans son milieu une petite dent, située sur le pli cellulaire de l'aile. La bordure des inférieures est moins large que chez la *Candida* et finit en diminuant en largeur, justement à l'angle anal.

Selon Boisduval cette espèce se trouve dans la Nouvelle Guinée; le Muséum de Leide possède un individu, pris à Ternate. Cet individu est une femelle, et a les ailes de couleur blanche en dessus, comme sa voisine, la *Candida.*

9) TER. DRONA, Horsf.

Horsf., *Cat. Ins. of East Ind. Comp.* p. 137, n°. 64. Pl. 1, fig. 13. Boisd., *Spéc. Gén.* I. p. 675, n°. 37.

Ter. alis anticis paulisper triangularibus flavis, margine nigro intus dentato, posticis tenuissime nigro-marginatis, subtus flavis, punctis aliquot nigris, fasciisque macularibus fuscis.
Exp. alarum 38—42 mm.
Hab. Java.

Tête et corps bruns, à poils grisâtres et écailles brunes en dessus, jaunes en dessous. Antennes blanches en dessous, brunes piquées de blanc en dessus. Yeux d'un brun clair. Premier article des palpes à écailles blanches, deuxième à écailles jaunes, dernier brun. Pattes blanches à teinte rose.

Dessus des ailes d'un beau jaune; les supérieures saupoudrées de noirâtre a la base, à liséré noir sur la côte, s'élargissant en bordure un peu au delà du milieu. Cette bordure, assez large au sommet, fortement sinuée en dedans, s'arrête un peu avant de toucher à l'angle interne. Un filet noir borde les secondes ailes extérieurement; leur bord abdominal est blanchâtre. Toutes les franges sont d'un blanc jaunâtre, ainsi que la tranche de la côte, située en face du sommet.

Dessous des ailes à peu près du même jaune que dans *Hecabe;* les premières ayant deux petits points noirs sur l'extrémité de la cellule discoïdale; les secondes offrant deux petits points discoïdaux semblables, précédés vers la base de trois ou quatre autres points de même couleur, et suivis d'une raie maculaire, transverse, ondée, irrégulière. Ce dessin souvent fort effacé. Chez quelques individus on voit une rangée marginale de petits points noirs près de la frange.

La femelle est plus pâle en couleur et a le dessin moins fortement prononcé.

10) TER. EGNATIA, Godt.

Godt., *Enc. Méth.* IX. p. 138, n°. 63. Boisd., *Ent. du Voy. de l'Astrolabe,* p. 58, n°. 21. Pl. 2, fig. 7. *Spéc. Gén.* p. 678, n°. 42.

N'ayant point vu cette espèce, décrite par Godart et Boisduval, je transcris la description du second de ces entomologistes.

« Un peu plus grande que la *Terias Hecabe.* Ailes minces, blanches; les supérieures ayant la côte assez largement noirâtre dans son tiers antérieur, ensuite seulement bordée de noir; l'extrémité bordée par une bande noire assez large, un peu dilatée au sommet, sinuée intérieurement. Ailes inférieures sans taches. Dessous des quatre ailes blanc, avec la base des premières et l'origine de la côte des secondes d'un jaune citron un peu soufré. Les supérieures ayant en outre la côte noirâtre; le sommet blanchâtre, marqué d'une raie oblique, noirâtre.

Amboine, Célébes. — Coll. Boisd. ».

11) TER. IMPURA, Voll. (Planche 7, fig. 5).

Ter. minima, alis supra impure albis, anticis apice perquam rotundato nigro; subtus flavescentibus.

Exp. alarum 15 mm.

Hab. Timor.

Espèce fort petite, à ailes supérieures beaucoup plus arrondies encore que celles de la *Sinoe* ou de la *Phiale.* Corps et tête noirs à poils gris. Dessus des ailes d'un blanc sale; sommet et bord extérieur des premières à bordure noire étroite. Dessous des ailes jaunâtre, sans taches.

Décrit sur un unique individu, manquant d'antennes et d'abdomen, et qui a été pris dans l'île de Timor par M. le docteur Müller.

TABLE ALPHABÉTIQUE DES ESPÈCES.

EXPLICATION DES PLANCHES.

PLANCHE 1ʳᵉ.

Fig. 1. Neuration des ailes dans le genre *Pontia*. — 1 *a*. Une antenne.

" 2. " " " " " " *Pieris*, 1ʳᵉ Section à quatre nervures supérieures aux premières ailes. — 2 *a*. 2ᵉ Section à trois nervures supérieures. — 2 *b*. Antenne de *Pieris*.

" 3. Neuration des ailes dans le genre *Thestias*. — 3 *a*. Une antenne.

" 4. " " " " " " *Iphias*. — 4 *a*. " "

" 5. " " " " " " *Eronia*. — 5 *a*. " "

" 6. " " " " " " *Callidryas*. — 6 *a*. " "

" 7. " " " " " " *Rhodocera*. — 7 *a*. " "

" 8. " " " " " " *Terias*. — 8 *a*. " "

Nota. Les lignes pointillées indiquent les plis cellulaires.

PLANCHE 2ᵈᵉ.

Fig. 1 *a* et 1 *b*. *Pontia lignea*, Voll.

" 2. *Pieris Cornelia*, Voll.

" 3. " *Hombronii*, Luc. ♀

" 4. " *chrysorrhoea*, Voll.

" 5. " *haemorrhoea*, Voll.

" 6. " *Rosenbergii*, Voll. ♂

La plante en fleurs est la *Ceropegia elegans*.

PLANCHE 3ᵐᵉ.

Fig. 1. *Pieris Rosenbergii*, Voll. ♀

" 2. " *candida*, Voll.

" 3. " *poecilea*, Voll.

" 4. " *Herodias*, Voll. ♀

" 5. " *Autothisbe*, Hübn. ♀

" 6. " *Amalia*, Voll.

La plante porte le nom de Bounga Boulan à Amboine.

PLANCHE 4me.

Fig. 1. *Pieris Hester*, Voll.
" 2. " *Emma*, Voll.
" 3. " *laeta*, Hew. ♀
" 4. " *sulphurea*, Voll.
" 5. " *Zoe*, Voll.
" 6. " *Hagar*, Voll.
" 7. " *Dice*, Voll.

Les insectes voltigent autour d'un *Dendrobium aggregatum*.

PLANCHE 5me.

Fig. 1. *Pieris Ithome*, Feld. ♀
" 2. " *affinis*, Voll.
" 3. " *Ada*, Cram. ♀
" 4. " *Liberia*, Cram. ♀
" 5. " *Placidia*, Stoll. ♀
" 6. *Thestias Ludekingii*, Voll.

Deux papillons se sont posés sur une tige de *Cratoxylon polyanthum*.

PLANCHE 5me.

Fig. 1. *Thestias Reinwardtii*, Voll.
" 2. *Iphias Felderi*, Voll. ♂
" 3. " " Voll. ♀
" 4. " *Vossii*, Maitl.

La plante est le Cafféier, *Coffea arabica*.

PLANCHE 7me.

Fig. 1. *Eronia Jobaea*, Boisd. ♀
" 2. " *Argolis*, Feld. ♀
" 3. " *Tritaea*, Feld. ♀
" 4. *Terias Tominia*, Voll.
" 5. " *impura*, Voll.

Les papillons voltigent autour d'un rameau de *Ploiarium elegans*.

PL. I.
S. v. V. fec.
P. W. M. I. impr.
A. J. W. sculps.

1.b
1.a
2
3
4
5
6

S.v.V. fec.

P.W.M.T. impr.

A.J.W. lith.

S. v. V. fec.　　　　　P. W. M. T. impr.　　　　　A. J. W. lith.

PL. V.
4
1
5
6
3
2
S.v.V. fec.
P.W.M.T. impr.
A.J.W. lith.

PL. VI.
S. v. V fec.
P. W. M. T. impr
A. J. W. lith.

www.ingramcontent.com/pod-product-compliance
Ingram Content Group UK Ltd.
Pitfield, Milton Keynes, MK11 3LW, UK
UKHW022256120726
13694UKWH00003B/1089